뇌,

아름다움을 말하다

국립중앙도서관 출판시도서목록(CIP)

뇌,아름다움을 말하다 / 지상현 지음. — 파주 : 해나무, 2005
p. ; cm

ISBN 89-89799-44-9 03470 : ₩25000

601-KDC4

701.17-DDC21 CIP2005000354

이 책은 2004년도 한성대학교 교내 연구비의 지원을 받아 수행된 연구의 결과입니다.

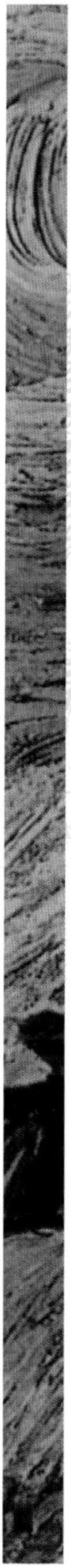

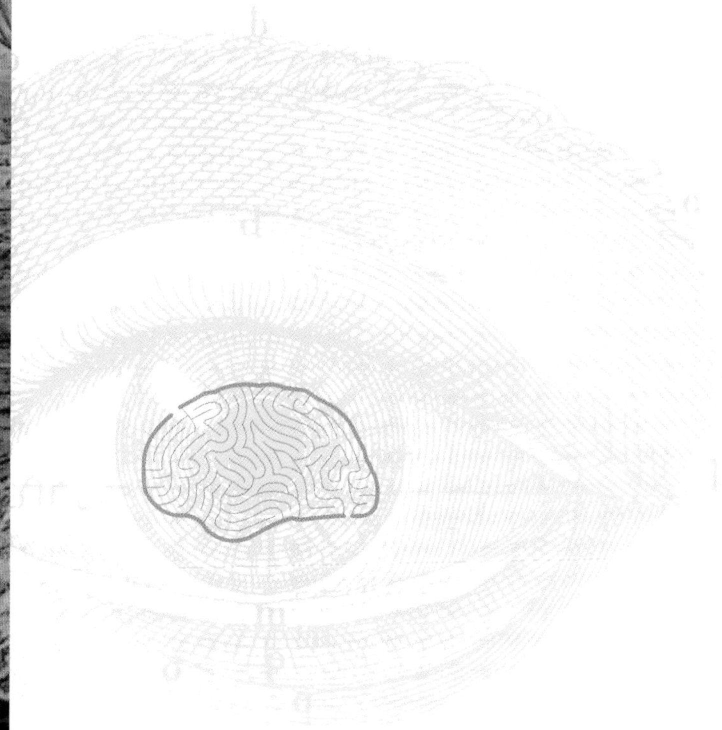

뇌, 아름다움을 말하다

지상현 지음

해나무

■■ 차례

우리는 어떻게 아름다움을 느끼는가?

사람들은 왜 미술작품을 보고 아름다움을 느끼는가. 아름다움이란 어떤 느낌을 말하는가. 우리 주변의 시각 현상이 우리에게 어떤 느낌을 가져다주는 원리는 과연 무엇일까.

미술심리학의 가장 기본적이고 중요한 목표는 아름다움이란 어떤 심리적 현상인지를 밝히고, 그런 심리적 경험을 하게 만드는 요인은 무엇인지 규명하는 일이다. 미학의 관심사도 비슷하지만, 미학이 철학에 기반을 둔 반면 미술심리학은 경험과학적 방법에 기댄다는 점에서 다르다.

이 거대한 목표를 결코 단번에 달성할 수는 없을 것이다. 그리고 어느 한 분야의 지식이나 방법론만으로 이루어낼 수도 없을 것이다. 여러 분야의 지식과 방법론이 상호보완하고 협력하는 학제간(inter-disciplinary)연구가 필요하다. 예컨대 감성신경학(affective neurology)으로는 아름다움이라는 심리적 현상과 기제를 이해하는 데 필요한 신경심리학적 지식을 얻을 수 있고, 지각심리학을 통해서는 아름다움을 결정하는 미술작품 속의 요소들을 파악하는 데 도움을 받을 수 있다.

발달심리학을 통해서는 작가의 미술 능력 발달과정을 이해함으로써 미술사적 변화에 대한 단초를 얻을 수 있다. 그런가 하면 예술의 사회적 의미를 이해하기 위해서는 사회심리학의 도움도 필요하다.

최근 들어서는 신경미학(neuroesthetics)이라는 분야가 새로이 생겨나 아름다움의 이해에 도움을 준다. 현재 신경미학에서 다루는 주제들은, 특정한 미술기법이 아름다움을 주는 까닭을 신경생리학적 수준에서 설명하는 것이다. 이런 일이 시도될 만큼 그간 뇌신경 분야의 연구에 진전이 있었다는 얘기다.

필자는 2002년 『시각예술과 디자인의 심리학』을 통해 미술심리학의 다양한 관심사와 연구결과들을 소개한 바 있다. 이 책에서는 여러 미술기법들을 뇌의 구조와 기능의 측면에서 집중적으로 설명하려 한다. 이를 위해 최신 이론들을 섭렵해 소개했고, 거기에 필자의 해석과 의견을 덧붙였다. 좀더 구체적으로 말하면 우선 필자가 창작과정에서 체득한 기법과 경험을 목록화했다. 그 다음 이와 관련 있는 이론들을 파악했다. 주로 신경심리학, 지각심리학 분야였다. 마지막으로 이 둘을 연결하는 작업을 했다. 그 과정에서 필자의 빈곤한 상상력을 절감했다.

이렇게 그려낸 '그림들'이 이 책에 소개하는 15개의 주제이다. 이 가운데 일부는 외국 학자들이 거의 완성해놓았는데, 여기에 필자의 창작 경험을 보태 미술기법과의 연관성을 좀더 풍부하게 소개하는 방식으로 기술하였다.

이 분야는 세계적으로도 이제 막 소개되는 터라 내용이 다소 낯설고, 어렵게 느낄 수 있다. 그래서 가급적 독자들이 부담 없이 흥미롭게 읽을 수 있는 주제를 선정했고, 어디서부터 읽더라도 무리가 없도록 소주제별로 내용을 구성했다. 이 책이 신경미학, 나아가 미술심리학에 대한 관심으로 이어지기를 기대한다. 아울러 이 책의 개론서 격인 『시각예술과 디자인의 심리학』을 일독하면 내용을 이해하는 데 도움이 될 것이다.

명성 높은 화가들도 마음먹은 대로 실수 없이 그림 한 점을 완성하기란 그리 쉬운 일이 아니다. 여러 가지 이유로 화가들은 종종 실수를 한다. 이젤이 바람에 넘어져 그림이 뭉개지기도 하고, 붓을 삐끗하기도 한다. 장대비가 그림에 들이쳐 유화물감과 엉겨 엉뚱한 마블링(marbling) 효과를 내기도 한다. 필자의 친구 중에는 비오는 날 자전거를 타고 가다 우연히 발견한 이 효과를 얻기 위해 일부러 작품에 물을 붓는 녀석도 있다.

이런 실수는 제작과정에만 국한되지 않고, 그림을 완성한 후에도 있을 수 있다. 예컨대 화랑에 거꾸로 걸린 추상화 이야기는 화랑가에서 심심치 않게 들을 수 있는 해프닝의 하나다. 현대회화의 거장 칸딘스키도 비슷한 실수를 했다. 석양 무렵 외출에서 돌아와 아틀리에로 들어서는 순간 너무도 멋진 그림 한 점이 눈에 들어왔다. 그림에 넋을 놓고 있던 칸딘스키는 그것이 외출 전에 그리다 벽에 거꾸로 기대놓았던 자신의 작품이라는 것을 깨달았다. 자신의 그림을 거꾸로 보자 그리려던 대상에서 분리된 선과 색만의 아름다운 구성을 보게 된 것이다.

이 경험은, 칸딘스키가 구상미술을 포기하고 추상미술의 길로 들어서게 한 중요한 계기가 되었다고 한다. 칸딘스키의 경우처럼 화가들에게 실수란 그렇게 짜증스러운 일만은 아니다. 물론 대부분의 실수는 그림을 쓰레기통에 들어가게 하거나 아예 처음부터 다시 시작하게 하지만, 예리하고 자유로운 감수성을 지닌 화가에겐 새로운 조형세계를 찾아내는 계기로 작용하기도 한다.

유명 사진작가 만 레이의 경우도 그러했다. 조수가 사진을 인화하는 과정에서 실수로 광선이 암실에 새어 들어갔다. 그런데 망쳤다고 생각한 사진은 전혀 예상치 못했던 멋이 있었고, 결국 이 실수는 솔라리제이션(Solarization)이라는 기법을 낳았다.

그렇다면 어떤 실수가 반갑고, 어떤 실수는 짜증스러운 것일까? 그리고 소위 반가운 실수라는 것은 무슨 까닭으로 새로운 조형세계의 안내자가 되는 것일까? 어쩌면 다소 생소하고 엉뚱해 보이는 이 질문에 답하는 과정에서 그림의 아름다움을 이해하는 중요한 단초를 얻을지도 모른다.

실수 이야기로 글을 시작했지만 사실 그 얘기를 하려는 건 아니고, 실수를 포함하여 우연이든 필연이든 화가들이 발견한 기법에 관해 이야기하려는 것이다. '우연' 이라는 단어를 사용하는 게 조심스럽다. 여기서 말하는 우연이 화가들의 치열한 예술정신과 노력을 폄하하는 것은 결코 아니다. 마치 생각지도 않았던 방법으로 탄저병의 원인균을 발견한 파스퇴르처럼, 자신만의 예술세계를 찾기 위해 암중모색하는 과정에서 발견하게 되는 기법이 적지 않다는 점을 말하고 싶은 것뿐이다.

이들은 각기 특별한 심미적 효과가 있어 사라져버리지 않고 '기법' 이라 불리게 되었을 것이다. 어떤 것은 원형 그대로 전해졌고, 더러는 현대에 이르러 더 정교하게 다듬어지기도 했다. 미술사는 어찌 보면 기법의 발전사이기도 하다. 한 가지 사례를 투시도법의 발전에서 볼 수 있다. 그림 1은 투시도법이 완성되기 전 입체감을 표현하기 위해 사용했던 기법을 보여주는 사례다. 이 그림은 당시 눈높이를 기준으로 높이에 따라 네 개의 기울기를 기계적으로 사용했음을 보여준다. 눈높이와 같은 곳에 수평선을 그리고 그보다 높거나 낮은 모서리에는 사선을 그

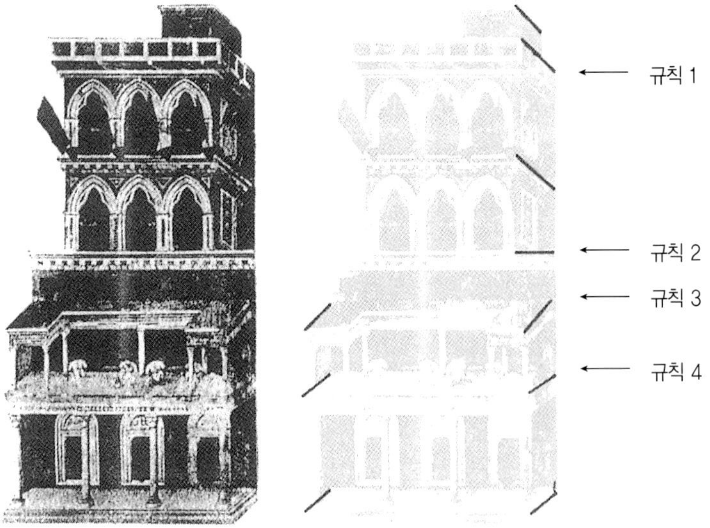

1
조토, 「궁전과 가로대의 꿈들」, 1297~1300. 오른쪽 그림의 굵은 선이 시점과의 상대적 높이에 따라 기계적으로 적용하던 4개의 소실선이다.

렸다. 맨 아래 모서리는 그 위의 모서리 방향과 정반대로 그려졌는데 건물이 서 있는 땅바닥의 평평함을 표현하기 위한 고육지책으로 보인다.

이런 조야한 투시기법은 르네상스 시대 화가인 뒤러에 이르러 현재의 투시도법과 거의 유사하게 정교해진다. 조토처럼 단순히 눈높이에 따라 몇 가지 기울기의 소실선을 쓰는 게 아니라 각 모서리의 방향이 모두 임의의 소실점을 향하도록 그렸다. 조토와는 비교할 수 없을 정도로 입체감이 생생해진다. 또 한 가지 사례는 광선에 대한 연구를 통해 전보다 훨씬 밝고 생명력 넘치는 색감을 만들어낸 인상파가 있다. 이제 아까 던진 질문으로 되돌아가보자.

왜 어떤 실수는 기법의 반열에 들어가 지금까지 대를 이어 아틀리에에서 전수되고 어떤 실수는 짜증스러운 것이 되는 것일까? 또 이 질문의 답이 어찌하여 아름다움에 대한 미학적 논의로 이어졌던 걸까?

미술수업 시간이나 화실에서 쉽게 배워 심상히 여겨온 기법들, 예컨대 '그림 한 곳에 파란색이 있다면 그 대각선 방향에 유사한 색을 칠하라' 든가 '파란색 옆에 짙은 검정을 칠하면 파란색이 실제보다 밝게 느껴져 맑은 청색을 만들 수 있다' 같은 기법들도 처음 사용되었을 때에는 특별한 기법이었다.

앞서 말한 투시도법의 경우도 당시의 관객들에게 생생한 입체감의 세계를 열어준 최신 기법이었다. 경우에 따라 인상주의의 점묘법처럼, 대중들에게 받아들여지기 전까지 잠시 어려움을 겪은 사례도 있기는 하다. 하지만 순탄했든 우여곡절을 겪었든 모든 기법은 당시의 관객들에게는 새로운 심미적 세계를 열어준 안내자였다.

지금까지는 이 기법들이 어떻게 각기 나름의 심미적 느낌을 만들어내는지 알지 못했고, 심미적 효과와 기법의 관계를 연구할 마땅한 수단도 없었다. 그러나 최근 뇌에 대한 연구가 활기를 띠면서 새로운 발견을 그림의 기법 혹은 미적 경험과 연결지으려는 시도가 나타났다. 3년 전에는 '신경미학' 이라는 학회가 미국 버클리 대학에서 창립되기도 하였다.

이들은, 미술기법이란 그에 대응되는 독특한 뇌의 구조나 기능이 있어서 기법으로 살아남을 수 있었다고 본다. 어떤 과정을 거쳐 심미적 효과로 이어지는지 아직도 명확하지 않지만 이 정도만으로도 상당한 진전일 수 있다. 이런 관점에서 몇 가지 기법들과 그에 대응되는 뇌의 특징에 관한 논의를 소개하려 한다.

이런 논의는 인간의 뇌에 대한 우리 사회의 상식을 더 깊게 하는 동시에 미술에 대한 이해를 높이는 데에도 도움이 될 것이다. 거장들의 그림 속에서 첨단과학이 밝혀낸 뉴런의 작용을 발견하는 또다른 지적 즐거움을 맛볼 수 있기 때문이다. 그럼 지금부터 기법 하나하나에 숨어 있는 뇌의 비밀에서 엄연히 살아 숨쉬는 거장의 천재성을 느껴보자.

1

그리스도는 왜 오른쪽으로 고개를 떨구고 있는가?

오늘은 소개팅을 하는 날. 맘에 드는 상대가 내 앞에 앉아 있지만 그 사람이 나를 어떻게 생각하는지 알 수가 없다. 호감을 갖고 있다면 좀더 적극적으로 나서 볼 텐데…….

고객과 계약을 맺으려 하거나 누군가를 설득하려 할 때에도 이와 비슷한 상황에 처한다. 유능한 세일즈맨은 이런 상황에서 몇 가지 단서, 예컨대 몸짓이나 내 말에 대한 답변 등으로 상대방이 느끼는 호감도를 읽어낸다. 이런 방법 중 하나로, 다른 사람의 시선을 분석하는 요령 한 가지를 소개한다.

마주 앉은 사람의 시선을 유심히 보라. 서로 얼굴만 보고 있을 수는 없으니, 상대의 왼쪽이나 오른쪽에도 눈이 가게 마련이다. 만약 상대방이 자주 나의 왼쪽을 바라본다면 그는 지금 기분이 좋은 상태일 가능성이 크다. 반대로 나의 오른쪽을 자주 본다면 기분이 나쁜 상태일 수 있다. 왜 그럴까? 우리의 주의, 다시 말해 시선은 좌뇌와 우뇌, 전두부위의 상대적 활성화의 영향을 받기 때문이다.

아직 어느 정도까지 기능이 분리되어 있는지 명확히 말하기는 힘들지만 대개 우리 뇌의 왼쪽은 긍정적인 정서를, 오른쪽은 부정적인 정서를 처리한다고 한다. 그래서 우리가 우울한 상태에 있거나 불쾌한 질문을 받으면 오른쪽 전두부위가 활성화되고 반대로 기분 좋은 질문을 받으면 왼쪽 전두부위가 활성화된다. 같은 맥락에서 우울증 환자는 중립적인 질문에도 오른쪽 전두부위가 활성화된다. 부정적인 정서 상태에 있다는 표시다. 이런 좌뇌와 우뇌 간의 상대적 활성화는 감정선 반대편의 안근(眼根)을 활동적으로 만들어 시선을 반대쪽 방향으로 치우치게 만든다.

다시 말해 좌뇌가 활성화되면 오른쪽으로, 우뇌가 활성화되면 왼쪽으로 시선이 갈 가능성이 커진다. 물론 우리의 시선을 결정하는 요인은 상대의 정서 상태 외에도 여러 가지가 있다. 그러므로 어느 한쪽 방향으로 시선이 향한다고 하여 전적으로 특정한 정서 상태에 있다고 단정할 수는 없다. 특별한 사정이 없는 한 그렇다는 얘기다.

우리의 정서처리기제는 크게 보아 접근기제와 회피기제로 구분할 수 있다. 이 두 기제는 각기 다른 목적을 위해 독립적으로 진화해왔을 것으로 생각된다. 회피기제는 공포, 역겨움, 슬픔 등 부정적인 정서와 관련된 기제를 말하고, 접근기제는 사랑 등 긍정적인 정서와 관련된 기제를 말한다. 예외적으로 분노와 관련된 부위가 접근기제에 속한다.

접근기제는 자식을 낳고 기르는 행위와 밀접하게 관련되어 있고, 회피기제는 해로운 것을 피하려는 행위와 관련돼 있다. 부정적인 정서에 해당하는 분노가 접근기제와 관련이 있는 것은, 대부분의 동물들이 짝짓기를 위해 다른 수컷과 심한 경쟁을 해야 하고, 암컷은 자식을 지키기 위해 때로 공격적이어야 할 필요가 있기 때문이 아닐까?

좌뇌는 긍정적인 정서를, 우뇌는 부정적인 정서를 담당한다고 했으니 접근기제는 좌뇌에, 회피기제는 우뇌에 자리를 잡고 있다고 생각해볼 수 있지만 아직

이에 대한 증거는 발견되지 않았다. 명확한 증거가 발견되지 않은 까닭 가운데 하나가 접근기제 내에 있는 뉴런들 간의 정보전달이 주로 엔도르핀(endorphine: endo는 '체내에서'의 뜻이고 phine은 morphine을 줄인 말)과 같은, 체내에서 생성된 오피오이드(opioid: 일종의 마약 물질)에 의해 이루어지기 때문이 아닐까 추정해보지만 이는 어디까지나 필자의 생각일 뿐이다.

회피기제에서 처리하는 정보는 우리의 즉각적인 안위와 관련된 것들이다. '앞에 위험한 동물이 있으니 피해야 한다' 같은 정보들은 신속성이 매우 중요하다. 그런 까닭인지 뉴런들 간의 커뮤니케이션은 시냅스를 통해 이루어지는 것으로 보인다. 말하자면 유선전화 통화인 셈이다.

이에 반해 접근기제는 무선전화에 비유할 수 있다. 접근기제는 회피기제만큼 신속성이 필요하지 않으며, 시냅스가 아닌 혈액이나 뉴로글리아(뉴런들 사이를 채우고 있는 물질) 속을 떠다니는 오피오이드에 의해 커뮤니케이션이 이루어진다.

예컨대 우리가 고통스럽게 달리기를 하고 있다고 치자. 그 고통을 이겨내기 위해 우리 몸에서는 오피오이드가 방출된다. 그러나 달리기가 끝나 고통의 원인이 사라진 뒤에도 체내에 뿌려진 오피오이드가 신속히 수거되지는 않는다. 결과적으로 체내에는 일시적으로 오피오이드 과잉 상태가 되고 기분이 좋아진다. 다시 말해 접근기제는 이런 화학물질에 주로 의존하는 일종의 무선 시스템이기 때문에, 그만큼 뉴런들 간의 시냅스 관계를 구체적으로 파악하기 어려울 수 있다.

이처럼 부정적 정서와 관련된 회피기제와 긍정적 정서와 관련된 접근기제는 그 목적과 기능의 차이만큼이나 작동 방식도 다르게 진화해왔다. 그럼에도 우리는 일반적으로 이런 정서들을 같은 종류의 내적 경험으로 보곤 한다. 마치 동일한 사물의 빛과 그늘처럼. 하지만 이는 그렇지 않다. 공포와 사랑은 빛과 소리처럼 전혀 다른 종류의 내적 경험이고, 신경학적인 처리 경로 또한 다르다. 다만 우리의 의식이 이를 쉽게 통제하지 못한다는 공통점이 있을 뿐이다.

이야기가 조금 빗나갔는데, 원래의 논의로 되돌아가자.

좌뇌와 우뇌의 상대적 활성화가 시선에만 영향을 주는 것은 아니다. 우리의 표정도 좌뇌와 우뇌의 기능 차이가 반영된다. 연구자들에 따라 조금씩 얘기가 다르긴 하지만 일반적으로 얼굴 왼쪽은 정서적으로 더 표현적이다. 특히 부정적인 정서의 경우 더욱 그러하다. 그림 2를 보자. 가운데 그림 b가 오리지널이고 a는 오리지널의 왼쪽 얼굴만으로 합성한 미러 이미지이다. c는 그 반대다. 누가 보아도 a의 표정이 더 사납고 거칠어 보인다. 반면 c의 사진은 오리지널보다 부드러워 보인다.

이와 반대로 좀더 긍정적인 표정, 예컨대 웃는 표정은 비교적 좌우대칭이라고 한다. 연구자에 따라 긍정적인 표정의 경우 얼굴 오른쪽에 더 잘 나타난다고 주장하기도 한다. 이와 같은 정서에 따른 표정의 좌우 비대칭성도 앞의 사례와 마찬가지로 접근기제와 회피기제의 좌우 편향 때문으로 추정해볼 수 있다.

1933년경 울프라는 심리학자는 표정의 좌우 비대칭성이 갖는 의미를 "얼굴의 오른쪽은 사회적 파사드(facade: 건물의 전면을 뜻하는 이탈리아어)에 해당한다"고 시적으로 표현한 바 있다. 긍정적인 정서의 표현은 사회적 커뮤니케이션과 밀접하게 연관되어 있다는 뜻이리라.

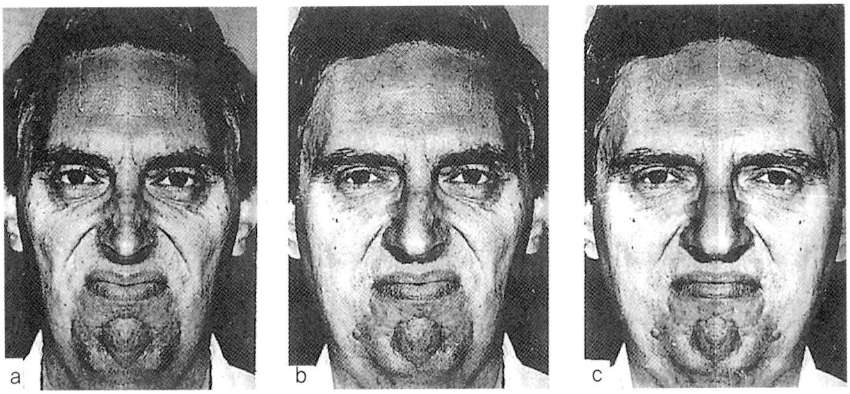

2
사진 b의 얼굴 왼쪽을 합성한 것이 사진 a이고, 얼굴 오른쪽을 합성한 것이 사진 c이다. c의 표정이 a의 표정보다 훨씬 부드럽다.

■■ 그림과 좌뇌, 우뇌

좌뇌는 접근기제와, 우뇌는 회피기제와 밀접히 연관되어 있다는 추정은 예술 창작에도 시사하는 바가 크다. 아직 뇌의 특정 부위와 예술작품의 정서적 표현 간의 관계는 밝혀진 게 많지 않지만 그런대로 재미있는 연구들이 있다. 예컨대 신경학적으로 정상인 사람의 창작에 정서 상태가 영향을 줄 수 있다는 가정을 하는 사람들이 있다. 앞서 이야기했듯이 전두부위의 좌우뇌 간 상대적 활성화는 특정한 정서 상태와 연결되어 있다. 그림 3은 이를 보여주는데 각성수준이 높은 상태에서 좌뇌가 활성화되면 행복한 상태이고, 우뇌가 활성화되어 있으면 근심스러운 상태다. 반대로 각성수준이 낮은 상태에서 좌뇌가 활성화되면 평온한 상태이고, 우뇌가 활성화되어 있으면 우울한 상태다.

이와 같은 정서 상태는 우리의 주의와 운동성에 영향을 주고 결과적으로 그림에 반영될 수 있다. 쉽게 말해 우울하지 않은 사람이 정서적으로 부정적인 질문에 답해야 한다면 그의 시선은 더 왼쪽으로 향하게 된다. 반대의 경우는 오른쪽으로 시선이 향할 것이다. 헬러라는 신경생리학자는 이런 이유로 정서 상태가 그

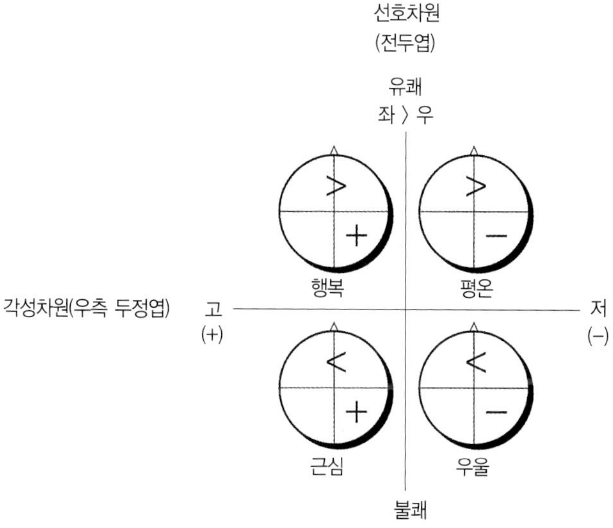

3
행복감을 느낄 때는 왼쪽 전두부위가 활성화되고 각성수준이 높다. 평온한 상태에서는 왼쪽 전두부위가 활성화되면서 각성수준이 낮다. 근심스러울 때에는 오른쪽 전두부위가 활성화되면서 각성수준이 높고 우울할 때는 각성수준이 낮다. 그림에서 +는 각성수준이 높다는 것을 〉는 활성화된 방향을 뜻한다.

림을 그릴 때 사물의 위치 선정에 영향을 줄 수 있다고 생각했다. 예컨대 슬픈 사람은 그림을 그릴 때 정서적으로 중요한 대상(울거나 웃는 사람, 성난 개, 고향집 등)을 화면 왼쪽에, 행복한 사람은 화면 오른쪽에 배치할 것이다. 아래 그림은 이런 가설을 지지해주는 그림의 일부다.

어린이들에게 자신이 경험한 기쁜 사건과 슬픈 사건을 떠올리며 자유롭게 그림을 그리도록 했다. 앞선 다른 연구를 통해 어린이들의 그림에서는 인물이 정서적으로 가장 중요한 대상임이 밝혀졌기 때문에 그림에서 인물의 위치를 비교해 보았다. 그 결과, 슬픈 사건을 회상하며 그린 그림에는 인물을 왼쪽에, 즐거운 기억을 떠올리며 그린 그림에는 오른쪽에 배치하는 경향이 있었다. 성인을 대상으로 동일한 조사가 이루어졌는데 마찬가지 결과를 얻을 수 있었다. 다만 어른들의 경우에는 어린이의 경우보다 개인 간 편차가 더 컸다.

■■ 오른쪽으로 고개를 숙인 예수 그리스도

과연 대가들의 경우는 어떨까. 직접 확인해보기 위해 화집을 펼쳤다. 그저 인상일 뿐이지만 예상대로 비극적이거나 무서운 상황을 묘사한 그림의 경우 중요한 대상을 왼쪽에 그리는 경향이 있었다. 특히 수많은 화가들이 그린 십자가에

4
불쾌한 기억을 되살려 그릴 때에는 중요한 요소인 본인의 모습이 왼쪽으로 향하도록, 즐거운 상상을 할 때에는 오른쪽으로 향하도록 그리는 아동들이 많았다.

5
브라만티노, 고개를 떨군 그리스도, 1465년.
마티아스 그뤼네발트, 「그리스도의 책형」, 1515년경.
미켈레 다 베로나, 「십자가」, 1470년경.(왼쪽부터 시계방향으로)

못박힌 예수 그리스도의 그림이 눈길을 끌었다.

여러분은 십자가에 못박힌 예수 그리스도의 얼굴이 어느 쪽으로 기울어져 있는지 기억할 수 있는가? 오른쪽이다. 하나같이 그림 왼쪽, 그리스도의 입장에서는 오른쪽 어깨 위에 고개를 떨구고 있다. 이것이 우연인지 아니면 종교적으로 특별한 의미가 있는지는 모르겠다. 주변의 신학자 몇 분께 자문을 구했지만 별다른 이유가 있는 것 같지는 않았다. 그러나 대부분의 예수 그리스도의 얼굴이 그림 왼쪽을 향하고 있는 것은 분명한 사실이다. 드물게 좌우 어느 방향으로도 치우치지 않게 고개를 숙인 그림들이 발견되는 정도다.

예수 그리스도의 고개가 그림 왼쪽을 향하고 있다고 해서 그림을 그린 화가의 심리적 상태가 슬프거나 우울했다고 단정할 수는 없다. 한 가지 가능한 추정은 십자가에 못박힌 예수상을 그린 최초의 화가가 강하게 감정이입되어 예수의 고통을 자신의 고통인 양 상상하며 그림을 그렸고, 그러다보니 자연스레 모델이 고개를 오른쪽으로 떨군 그림을 그리게 되었을 것이다. 그리고 후대 화가들은 이 그림을 기준으로 계속 오른쪽으로 고개를 숙인 그리스도를 그렸으리라는 것이다.

그러나 그리스도의 고개 숙인 방향을 설명하는 더 적절해 보이는 신경심리학적 사실이 있다. 좌뇌와 우뇌의 정서를 느끼고 표현하는 기능은 긍정적이냐 부정적이냐에 따라 갈리지만, 다른 사람의 정서 상태를 파악하는 기능은 우뇌에 집중되어 있는 것으로 알려져 있다. 그리고 언어적 정보들은 좌뇌에서, 비언어적 정보는 주로 우뇌에서 처리된다.

이런 이유 때문인지 사람의 얼굴 표정처럼 정서적으로 중요한 비언어적 정보들이 시야의 왼쪽에 있을 때 그 정서적 의미를 더 잘 파악할 수 있다. 예컨대 그림 6과 같은 키메라를 사람들에게 보여주면 사람들은 모델의 오른쪽을 중심으로 키메라의 표정을 이해하는 경우가 더 많다는 것을 알 수 있다. 이 경우에는 왼쪽 그림은 즐거운 표정으로, 오른쪽 그림은 무표정한 얼굴로 보는 경우가 많다. 슬프거나 화가 난 표정의 경우에도 마찬가지다.

이밖에도 우뇌가 정서적 정보를 이해하는 데 우월하다는 사실은 여러 연구자들에 의해 확인되고 있다. 그림 7은 가장 긍정적인 표정에서 무표정을 거쳐 가장

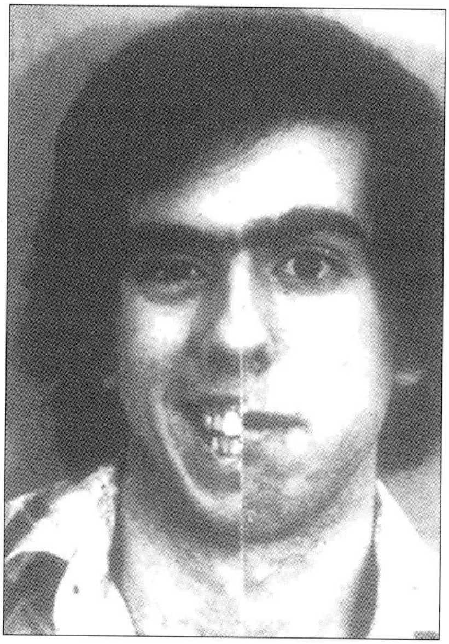

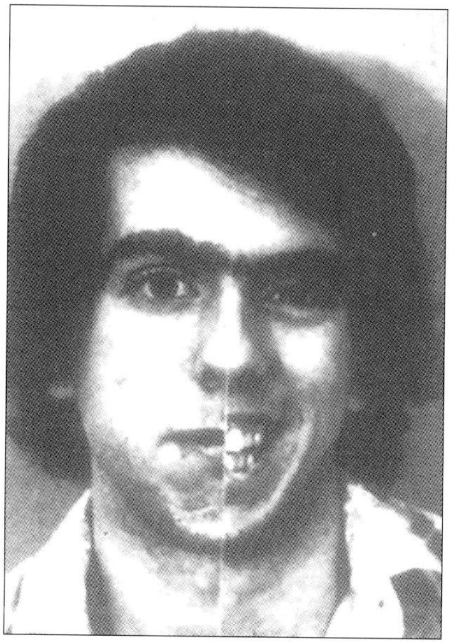

6
두 사진에 대한 인상을 물으면 사람들은 (관찰자 입장에서) 얼굴 왼쪽을 중심으로 표정을 인식한다는 것을 알 수 있다. 왼쪽 사진은 웃는 표정이라는 응답이 많았고 오른쪽 사진은 무표정하다는 응답이 많았다.

부정적인 표정까지 5단계로 나눈 사례들이다. 이 그림들을 왼쪽 시야에 보여주는 경우와 오른쪽 시야에 보여주는 경우를 비교해보면, 왼쪽 시야에 제시되는 경우 표정의 의미를 훨씬 더 정확히 해독한다는 것을 확인할 수 있었다고 한다.

■■ 모나리자의 비밀

모나리자의 알듯 말듯한 묘한 미소의 비밀도 바로 우뇌의 이런 특징 때문이 아닐까? 만약 우리가 초상화를 그릴 때 코를 중심으로 오른쪽(보는 사람 입장에서는 왼쪽)을 약간 웃는 모습으로, 왼쪽은 무표정하게 그린다면 앞서 본 키메라의 경우처럼, 웃는 모습처럼 보이지만 그렇다고 명확히 웃는 모습이라고는 하기 어려운 묘한 표정을 만들 수 있을지 모른다.

실제로 모나리자의 얼굴은 이런 방식의 역으로 그려져 있다. 화면 왼쪽 얼굴은 무표정에 가깝지만 오른쪽은 약간 웃는 표정이다. 멀리서 그림을 보면 얼굴 전체

7
얼굴 표정 인식에 우뇌가 더 관여한다는 증거로 레이와 브라이든이 사용한 이 그림들은 위로 갈수록 긍정적인 표정이, 아래로 갈수록 부정적인 표정이 된다. 전반적으로 우뇌가 표정을 더 정확히 인식했지만 특히 상단과 하단의 극단적 표정에서 가장 정확한 것으로 나타났다.

8
레오나르도 다빈치, 「모나리자」, 1503~06년경. 모나리자의 신비한 미소는 웃는 것 같기도 하고 무표정한 것 같기도 한 모호함에서 나온다. 그 모호함은 입 모양의 좌우 불균형에서 비롯된 것이라고 볼 수 있다.

가 왼쪽 시야에 들어와 비교적 분명히 웃는 표정을 느낄 수 있지만 정상적인 거리라면 무표정한 인상을 받게 된다. 앞서 말했듯이 왼쪽 시야에 있는 표정이 우세하게 느껴지기 때문이다. 하지만 감상 기간 내내 우리의 시선이 이렇게 고정되는 일은 없다. 우리 눈은 자연스럽게 그림 여기저기로 옮겨 다니게 되고 미소 띤 표정으로 그려진 부분이 왼쪽 시야에 있을 경우 모나리자가 웃는 듯한 인상을 받게 된다. 정색을 하고 다시 모나리자를 정면으로 주시하면 웃는 표정은 다시 오른쪽 시야에 들어가게 되고 무표정한 느낌이 우세해진다. 알듯 말듯한 모나리자의 미소는 이렇게 생겨난 것인지도 모른다.

다음의 두 모나리자는 필자가 포토샵을 이용해 원화를 수정한 것이다. 왼쪽 그림은 무표정한 화면 왼쪽 입 모양대로 우측 입 모양을 수정한 것이고, 오른쪽 그림은 웃는 모습이 확연한 우측 입 모양을 본떠 좌측 입 모양을 수정한 것이다. 원화의 알듯 말듯한 미소는 사라지고 없다.

이런 기법은 우연일까 의도된 것일까? 필자는 의도된 것이라 본다. 장기간에 걸쳐 그려진 모나리자가 어떤 실수나 우연에 의해 이렇게 그려졌다고 생각하기는 힘들다. 레오나르도 다빈치 같은 천재가 오랜 고뇌와 습작을 통해 만들어낸 절묘한 기법이라고 보는 편이 옳을 것이다. 물론 다빈치가 좌뇌와 우뇌의 기능을 알았을 리는 없겠지만.

그렇다면 십자가 예수상의 고개가 오른쪽으로 기울어진 것 역시 우연이라기보다 필연이라고 해야 할까? 충분히 필연일 수 있다고 생각한다. 한번 생각해보자. 어떻게 해야 십자가에 못박힌 예수의 고통을 실김나게 표현할 수 있을까를 고민하는 화가를. 아마 본격적으로 그림을 시작하기 전 수많은 스케치를 해보았을 것이다. 이 과정에서 예수의 고개를 좌로 우로 기울여 그려보았을지 모른다. 물론 좌뇌와 우뇌의 비밀을 모르는 채로. 그러나 최선을 다하는 과정에서 화가는 예술

9
모나리자의 좌우 입 모양을 무표정하게 만든 것이 왼쪽 그림이고 원래 그림의 오른쪽 입 모양을 왼쪽에 복사해 만든 것이 오른쪽 그림이다. 이렇게 하면 왼쪽 그림은 무표정하고 오른쪽 그림은 미소 띤 표정이 분명해진다. 다른 부분은 원 그림과 동일하다.

적 통찰력으로 고개가 화면의 왼쪽 방향으로 기울어진 예수상이 예수의 고통을 표현하는 데 조금이라도 더 적합하다는 사실을 깨달았을 것이다.

어떤 사람들은 우뇌가 정서적 정보를 이해하는 데 관여하기 때문이라기보다 복잡한 시각정보를 처리하는 데 우세해서 표정을 더 잘 해석한다고 주장하기도 한다. 이것도 전혀 틀린 말은 아니지만 절반만 옳다. 우리 뇌의 전두부위에는 전두시각장(frontal eye field)이라는 영역이 있다. 이 영역은 우리의 눈운동에서 중요한 역할을 한다. 이 영역은 자발적 눈운동을 통제하기 때문에 붙여진 이름이다. 자발적 눈운동이란, 갑자기 무엇인가 다가올 때 발생하는 반사적 눈운동의 상대적 개념이다. 반사적 눈운동은 상소구에서 통제한다.

자발적 눈운동에는 좌우 양 방향으로의 시선 변화도 포함되는데 이런 눈운동을 전두시각장에서 통제한다. 우뇌에 있는 전두시각장은 왼쪽 방향으로의 눈운동을, 좌뇌에 있는 전두시각장은 오른쪽 방향으로의 눈운동을 통제한다. 다시 말해 오른쪽 전두부위가 활성화되면 시선은 왼쪽으로 향하게 된다.

예컨대 '어머니' 라는 단어의 의미를 생각해보라고 하면 왼쪽 뇌가 활성화되고, 의미를 생각하는 동안 사람들의 시선은 오른쪽으로 향한다. 반면 "어머니의

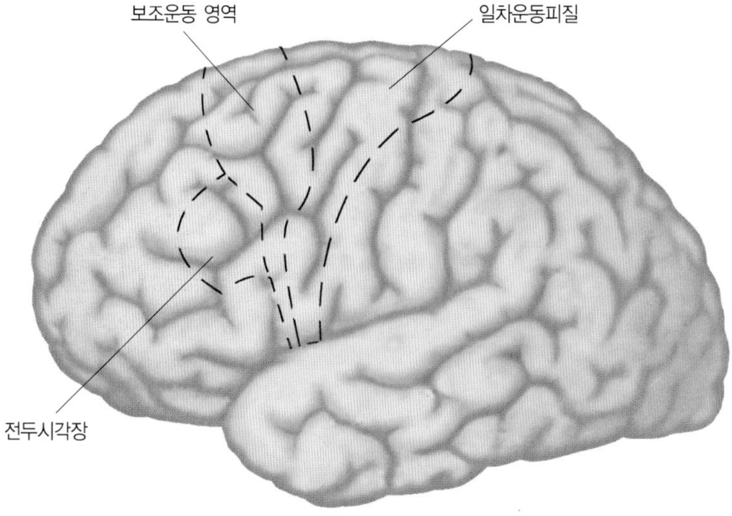

10
좌뇌를 옆에서 본 모습. 전두엽 근처에 눈운동을 관장하는 전두시각장이 있고 인접한 부위에 운동을 관장하는 부위가 있다.

얼굴을 떠올려보라"고 하면 시선은 왼쪽으로 향한다. 쉽게 말해 언어적인 좌뇌를 사용하면 시선은 오른쪽으로 향하고, 시각적인 우뇌를 사용하면 시선은 왼쪽으로 향하게 된다는 말이다.

이와 유사하게 예수상을 그리려는 화가가 고통스러워하는 예수의 얼굴을 떠올리면 화가의 시선은 그림 왼쪽으로 향하게 되고 결과적으로 고개를 오른쪽으로 수그린 예수상을 그렸을 것이라는 해석도 가능하다.

2

꽃보다 아름다운 얼굴

얼마전 인기리에 방영되었던 TV드라마 〈대장금〉에 이런 대화가 나온다.

"왜 홍시 맛이더냐?"

"홍시 맛이 나기에 홍시 맛이 난다고 하였는데 '왜 홍시 맛이냐?' 하옵시면 뭐라 답하오리까?"

"그래 네 말이 맞다."

이와 유사한 질문을 해보자.

왜 화가들은 그렇게 자주 사람의 얼굴을 그리는가? 좀 황당한 질문일지도 모른다. 만약 "우리가 사람이니까 사람 얼굴을 많이 그리지"라는 식으로 답을 한다면, "왜 사과가 땅으로 떨어질까?"라는 의문에서 만유인력의 원리를 발견한 뉴턴과 같은 깨달음을 얻기는 어렵다. 자 그럼 사람의 얼굴 그림과 관련한 재미있는 사실 한 가지를 소개하면서 이 질문에 답을 해보자.

타일러(C. Tyler)라는 심리학자가 유명한 과학지 『네이처*Nature*』에 발표한 내용에 따르면 과거 600년간 유럽에서 그려진 초상화 165점을 관찰했는데, 인물을 정면에서 그린 초상화는 거의 없었다고 한다. 오늘날에도 대개 초상화를 그릴 때에는 정면을 그리지 않는다. 인간의 얼굴은 거의 좌우대칭이라 정면을 그리면 좌우 변화가 적어 심심해지기 때문이라고 한다. 그래서인지 일반적으로 얼굴을 약간 비스듬히 그린다. 이렇게 그려진 그림을 보면 어김없이 한쪽 눈이 그림을 수직으로 이등분한 선에 걸쳐 있다. 아래 그림은 타일러가 분석한 그림들 가운데 일부다.

이런 경향은 르네상스 시대 그림에서 피카소 같은 현대추상화가의 그림에 이르기까지 보편적으로 관찰된다. 타일러는 눈 위치뿐만 아니라 입 위치와 얼굴 측면을 그린 초상화의 눈 위치까지 측정해 분석했는데, 그림 12는 그 결과이다.

11
타일러는 대부분의 유럽 초상화들은 두 눈 가운데 하나가 반드시 그림의 중앙 수직선상에 놓인다는 사실을 발견했다. 그의 관찰 대상에는 보티첼리, 다빈치, 피카소에 이르기까지 대부분의 대가들이 포함되었다.

한쪽 눈의 위치가 중앙에 밀집해 있는 데 반해 입의 위치는 좀더 옆으로 넓게 분산되어 있다. 측면 초상화의 경우 눈의 위치도 의외다. 얼굴 측면이 화면의 중앙에 오게 그리면 눈은 왼쪽이나 오른쪽으로 크게 쏠려 있어야 한다. 그러나 실제로는 중앙에서 약간 비낀 정도다. 그것도 왼쪽으로 몰려 있다.

■■ 왜 이런 일이 발생하는 것일까?

필자의 강의에는 학생들이 별로 들어본 적이 없는 생소한 내용들이 많다. 미술심리학을 공부하는 사람이 아직 국내에 드물고 관련 서적도 적어 학생들은 생소한 내용에 신기해하기도 하고 낯설어하기도 한다. 그래서 학생들의 반응을 보아가며 내용을 좀더 설명하기도 하고 다음 단계로 넘어가기도 한다.

모든 교사들, 아니 모든 사람들은 상대방의 얼굴, 특히 눈을 보면 그 사람이 내 말을 경청하고 있는지 딴 생각을 하며 건성으로 듣고 있는지 더 나아가 불쾌해하

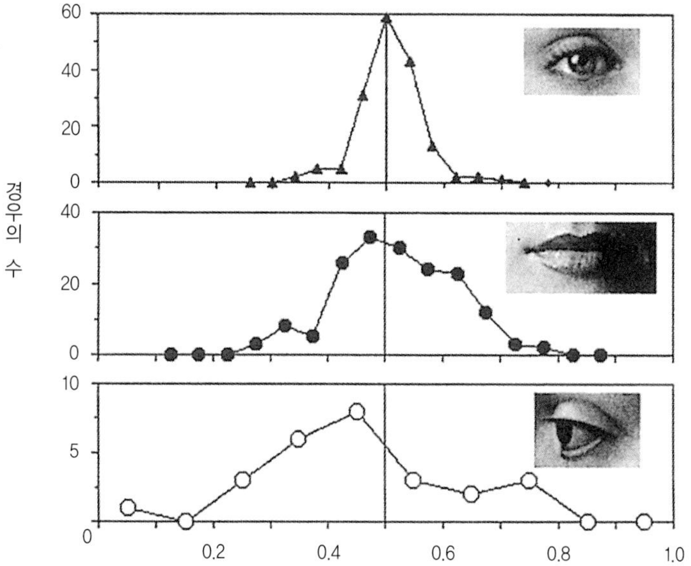

12
타일러는 입 위치와 옆눈을 그린 초상화의 눈 위치도 함께 관찰했다. 도표의 중앙에 있는 수직선이 그림의 중앙 수직선이다. 입은 눈에 비해 중앙집중 경향이 조금 덜하다. 측면 초상화의 경우는 눈이 중앙에서 왼쪽으로 조금 몰려 있다. 이는 측면 인물화의 대부분이 왼쪽을 향하고 있다는 뜻이기도 하다.

고 있지나 않은지 알 수 있다. "눈은 마음의 창"이라는 옛말에서도 알 수 있듯이 눈은 많은 것을 말해준다. 거짓말하는 사람의 힐긋거리는 눈이나 사람을 내려보는 거만한 눈…… 우리는 이런 눈들을 보면 부지불식간에 그 사람의 성격을 예단한다.

■■ 눈과 시각적 무게중심

눈은 사회생활에 필수적인 정보를 담고 있다. 그래서 우리는 사람을 볼 때 먼저 눈을 본다. 타일러는 이런 눈의 사회적 중요성 때문에 시선이 가장 많이 가는 초상화의 중앙에 한쪽 눈을 배치한다고 생각한다. 하지만 필자의 생각은 조금 다르다. 눈이 중요한 것은 분명하지만, 단순히 그런 이유 때문만은 아닐 것이다. 시선이 주로 가는 곳은 그림의 시각적 무게중심이 형성된 곳이다. 화가들에 따라 그 표현은 조금씩 다를 수 있지만 이렇게 시선이 많이 가는 곳을 화가들은 무게중심으로 삼는다. 그리고 이곳을 중심으로 그림의 전체적인 균형을 맞추려 한다.

초상화는 대개 옆으로 약간 비스듬한 자세로 그린다. 앞서도 말했듯이 정면에서 그리면 좌우대칭이 너무 분명해 그림이 단조로워지기 때문이다. 비스듬히 그리게 되면 한쪽 눈이 더 두드러지게 되고, 이 두드러진 눈은 초상화에서 가장 중요한 시각적 무게중심이 되는 경우가 태반이다.

당신이 화가라면 이 시각적 무게중심을 그림의 어디에 배치하겠는가? 그림의 중앙에 배치하는 것이 일반적일 것이다.

측면을 그린 초상화의 눈 위치는 이런 생각과 잘 맞아떨어진다. 비스듬한 초상화와 달리 측면 초상화의 눈 위치는 대개 왼쪽으로 약간 쏠려 있다. 만약 눈이 많은 사회적 정보를 주기 때문에 그림의 중앙에 배치하는 것이라면 측면화의 경우에도 그러해야 하지 않을까? 그러나 그렇지 않다. 그 까닭은, 그림에서 눈은 사회적 정보 소스로서의 의미보다 시각적 무게중심이라는 미학적 의미가 더 크기 때문일 것이다. 인물이 왼쪽을 향하는 측면 초상화에서 눈을 중앙에 배치하면 뺨, 귀, 머리 등 얼굴의 나머지 부분이 그림 오른쪽에 몰리게 된다. 미학적으로 좋을 리 없다. 눈이라는 시각적 무게중심을 그림 왼쪽으로 조금 이동시키면 얼굴의 나머지 부분이 그림 중앙에 걸쳐 있게 된다. 시각적 질량이 큰 눈과 시각적 질량이 크지는 않지만 면적이 큰 얼굴의 나머지 부분이 좌우 균형을 이루는 것이다.

■■ 우리의 초상화

우리 선조들도 초상화를 많이 그렸다. '우리의 초상화들은 어떨까?' 궁금해서 초상화 67점을 조사해보았다. 그러나 결과는 타일러의 것과 달랐다. 아래 그림은 초상화 67점 중 일부인데 실제 그림의 장폭 비를 그대로 유지한 채 축소한 것들이다. 얼른 보아도 눈이 그림 중심에 있는 것으로 보이지는 않을 것이다.

13
2004년 초 서울시립미술관에서 열린 〈위대한 얼굴 한중일 초상화대전〉에 전시되었던 조선시대 인물화 67점의 일부다. 실제 크기와 동일한 비례인데, 대부분의 초상화에서 얼굴이 대충 화면 중앙에 오지만 유럽 그림들처럼 중앙에 각별한 의미를 두고 그리지는 않은 것 같다. 왼쪽부터 시계방향으로 송시열, 이하응, 심환지, 이항복, 신응주, 이명준의 초상.

이 그림들의 눈 위치를 측정해본 결과가 다음 표에 나와 있다.

이 표에서 보듯이 한국 초상화에서는 눈의 위치가 왼쪽으로 많이 쏠려 있는데 이는 시선이 왼쪽을 향하는 초상화가 많기 때문이다. 초상화에 그려진 인물의 시선 방향은 시대에 따라 다른데 조선시대에는 왼쪽, 고려시대에는 오른쪽으로 향하는 초상화들이 많다. 시선의 방향에 따라 눈의 위치가 왼쪽이나 오른쪽으로 몰리는 경향이 나타나는 것일 뿐 다른 미학적 이유가 있는 것 같지는 않다. 조사했던 초상화 67점은 전부 조선시대에 그려진 것들이었다.

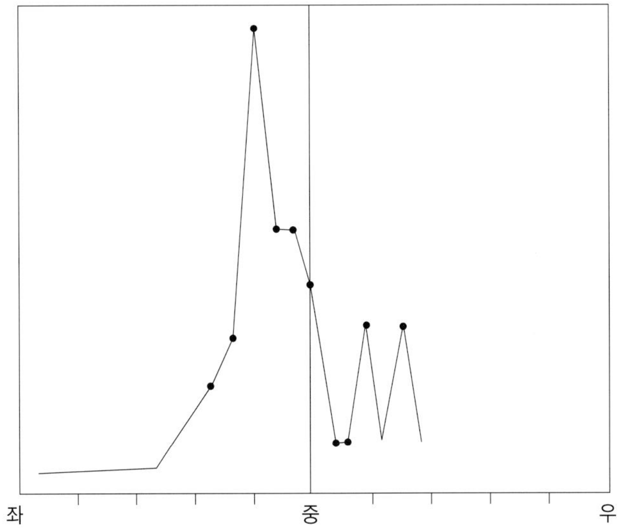

14
조선시대 초상화의 눈 위치 분포. 두 눈 가운데 중앙에 더 가까운 눈을 기준으로 관찰한 것이다. 중앙에서 왼쪽으로 조금 벗어난 그림이 가장 많았다. 조선시대 초상화에는 대부분 그림 오른쪽 상단에 관련 문구가 세로쓰기로 쓰여 있기 때문으로 생각된다.

이집트의 벽화에서 피카소의 그림까지 일관되게 나타나는 눈 위치의 중앙집중 경향이 왜 우리 초상화에는 나타나지 않는 것일까? 이에 대해 미술사학자 강관식 교수는 우리 초상화에는 제의적(祭儀的) 성격이 강하기 때문이라고 해석한다. 제의적 성격이 강하다면 그림 자체의 아름다움보다는 인물을 얼마나 닮게 그리는가에 관심이 가게 마련이다. 조선시대에는 초상화를, '칠분(七分)'이라 하여 7할만 닮게 그려도 성공이라고 할 정도로 사실성을 중시하였다. 그러니 인물의 눈 위치가 중앙에서 조금 벗어나 전체적인 안정감이 조금 떨어지더라도 사실적으로 재현할 수만 있다면 이를 탓할 사람은 없었을 것이다.

이런 점을 감안할 때 눈 위치에 관한 논의에서는 제의적 성격이 강한 우리 초상화를 배제해도 무리는 없을 듯하다. 다시 한번 짚고 넘어갈 문제는 타일러와 필자의 관점의 차이다. 타일러는 눈이 지닌 사회적 정보라는 가치 때문에 중앙에 눈을 위치시킨다고 했다. 필자 역시 눈의 사회적 정보원으로서의 가치를 인정하지만, 그보다는 시각적 무게중심을 형성하는 효과에 더 무게를 둔다.

타일러는 적응 자원으로서의 얼굴의 의미를 중시한다. 환경에 대한 적응은 크게 보아 자연환경에 대한 적응과 사회적 적응으로 구분해볼 수 있다. 사회적 적응에서 얼굴은 인간 간의 상호작용에 너무나 중요한 도구다. 집단생활을 처음 시작했던 원시시대에는 얼굴을 통해 주로 의사전달이 이루어졌을 것이다. 얼굴에 나타나는 수많은 감정은 여과 없이 그대로 드러났을 테고, 이럴 경우 불리한 결과를 낳기도 하여 흔히 '포커페이스'라 불리는, 감정을 드러내지 않는 방법이 등장한다.

■■ 얼굴 전담 세포

이 장을 시작하면서 던진 질문, "왜 화가들은 그렇게 자주 사람의 얼굴을 그리는 것일까?"를 생각해볼 때가 되었다. 인간의 얼굴에 대한 인류학적 의미 탐색은 아주 오래된 것이다. 찰스 다윈은 『인간과 동물의 정서 표현 *The Expression of Man and Animals*』(1872)이라는 저서에서 인종을 뛰어넘는 표정의 보편성에 주목한 바 있다. 아마 다윈의 책은 과학의 영역에서 얼굴을 다룬 최초의 저작이 아닌가 싶다.

단적으로 말해 얼굴은 인간의 사회생활에 실로 중요한 역할을 한다. 얼굴은 그 사람의 정체를 알려주는 수단일 뿐 아니라 현재 상태를 알려주는 수단이기도 하다. 어떤 사람의 얼굴을 보면 거의 자동적으로 그 사람이 '어떤 사람일 것이다'라는 판단을 한다. 혹자는 1초도 걸리지 않는다고 한다. 순식간에 그 사람의 성격에서 현재의 기분이나 건강 상태까지 파악해내는 것이다.

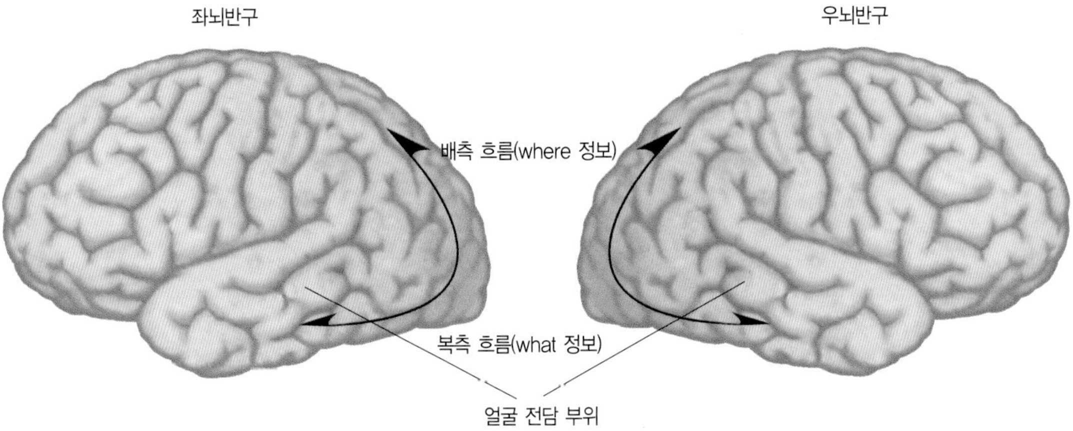

15
대뇌 뒷부분을 시각피질이라고 하는데 이 시각피질에는 정보 유형에 따라 정보전달통로가 둘 있다. 올라가는 화살표는 사물의 위치와 관련된 정보전달통로이고 뒤에서 앞쪽으로 나오는 화살표는 사물의 '정체'와 관련된 정보전달통로이다.

얼굴에 대한 정보가 이렇게 각별해서인지, 이를 전문으로 처리하는 부위는 뇌의 한켠에 따로 있다. 그림에서 얼굴 전담 부위(face fusiform gyrus)라 표기된 부분이다. 이 부분의 존재는 이곳이 손상된 환자들의 증세를 통해 유추할 수 있다.

다른 것은 볼 수 있지만 얼굴을 알아보지 못하는 안면실인증(prosopagnosia)이라는 병이 있다. 얼굴 전담 부위가 손상된 경우다. 안면실인증 환자는 아주 친근한 사람의 얼굴도 알아보지 못한다. 심지어 자신의 배우자도! 그렇다고 이 사람의 시각에 전반적인 장애가 있는 것은 아니다. 이런 사람이 누구를 알아보는 경우는 상대방의 물건을 인식할 수 있는 경우에 한한다. 예컨대 부인의 옷을 잘 알고 있다면 그 옷을 통해 상대가 부인임을 알아보는 식이다.

얼굴인식만을 담당하는 이 특별한 세포를 얼굴 세포라고 부를 수 있지만 그렇다고 특정한 세포 하나가 얼굴인식을 담당하는 건 아니다. 여러 개의 세포들이 회로를 이루는 부위를 그렇게 부를 뿐이다. 대개 측두엽과 해마 근처에 있는 방추회와 하측두회가 핵심적인 부위일 것으로 여겨진다. 이 부위가 손상된 사람은 다른 건 다 볼 수 있지만 사람 얼굴만은 알아볼 수 없게 된다.

후두엽의 시각피질 정보 영역에는 그림에서 보는 것처럼 올라가는 배측 정보흐름과 내려가는 복측 정보흐름이 있다고 알려져 있다. 배측 흐름은 사물의 위치에 대한 정보를 처리하고 복측 흐름은 사물의 정체에 관한 정보를 처리한다. 그

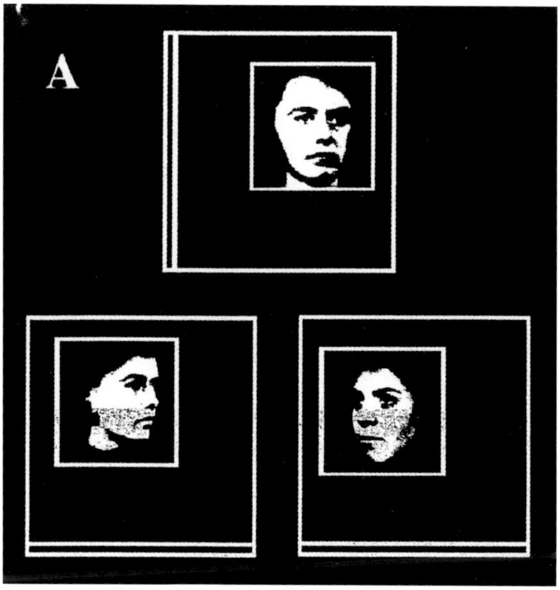

16
핵스비 등이 얼굴맞히기 실험에 사용한 그림. 상단의 얼굴과 동일한 인물을 선택하라는 과제를 수행할 때는 얼굴 전담 부위의 혈류량이 증가했다.

리고 아래로 내려가는 복측 흐름의 종착역에는 얼굴인식을 전담하는 방추회가 있다. 그래서 정상적인 사람에게 그림 16에서 보는 것 같은 자극을 보여주고 동일한 사람을 찾아보라고 하면 방추회로 향하는 흐름에 혈액순환이 증가한다. 반면 사각틀의 모양이 동일한 것을 찾으라고 하면 올라가는 흐름의 혈류량이 증가한다.

이 흐름의 어느 한 부위가 손상을 당하면 얼굴인식은 제대로 이루어지지 않는다. 그러나 얼굴인식기제의 손상이 없더라도 외부적인 요인으로 얼굴인식이 방해받을 수 있다. 예컨대 얼굴 그림을 뭉개 얼굴인식을 어렵게 만들면 해당 뇌 부위는 당황할 것이고 얼굴에 대한 정보를 전달하지 못할 것이다.

■■ 얼굴 전담 세포를 무력화시키는 그림

미술심리학자 솔소(L. Solso)는 외부적으로 얼굴인식을 어렵게 만든 대표적인

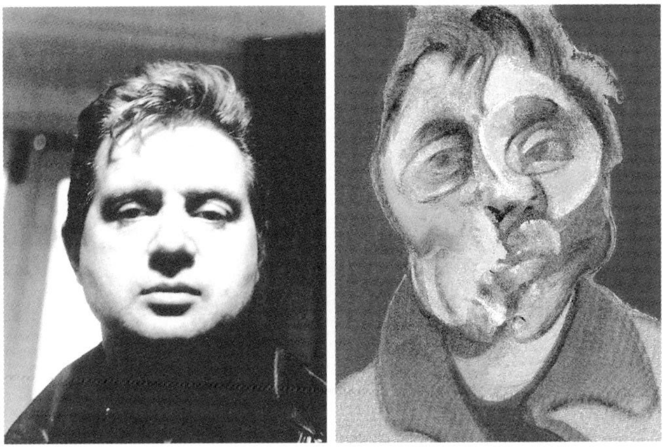

17
프랜시스 베이컨의 사진과 「자화상」. 베이컨은 표현주의자이지만 사실적인 묘사가 많은 편이다. 베이컨의 표현주의적 특징, 특히 관객에게 전달되는 인물의 신경증적인 근심은 얼굴지각세포를 무력화시키는 얼굴 뭉개기와 연관이 있지 않을까?

사례로 표현주의 화가 베이컨의 그림을 꼽는다. 그는 "베이컨처럼 인간의 고뇌를 잘 전달하는 그림은 거의 없다"고 평하며 알아볼 수 없도록 뭉갠 얼굴표현을 예로 든다.

솔소의 생각을 요약하면 이렇다. 얼굴은 우리가 사회적으로 적응하는 데 매우 중요하기 때문에 그것만을 담당하는 별도의 정보처리 단위가 있어야 한다. 이 별개의 정보처리 단위는 내적 · 외적인 원인으로 제대로 작동하지 못할 수 있다. 두뇌의 손상이 내부적인 원인이라면 베이컨의 경우는 외부적인 원인일 것이다. 전자건 후자건 얼굴인식기제의 무력화는 각별한 심리적 효과를 나타낼 수밖에 없다. 아마 인식 불능 상태에 따른 무력감과 뒤이은 초조함, 답답함 등이 복합적으로 작용할 것이다. 다시 말해 그림 18에서 보듯 커다란 자동차 전면의 왜곡에 비해 작아 보이는 운전자의 얼굴 왜곡이 더 큰 심리적 효과를 거둘 수 있다는 이야기다.

얼굴을 뭉개는 것만큼은 아니지만 얼굴인식을 방해하는 또다른 방법을 샤갈의 그림에서 볼 수 있다. 샤갈은 종종 얼굴 위아래가 뒤집힌 그림을 그렸다. 그는 특유의 유아적 몽환성을 표현하기 위해 때로 그로테스크한 인물을 연출하려 애썼다. 그러나 이 일이 쉽지 않은데, 자칫하면 샤갈의 또다른 특징인 동화적 분위기를 해치기 쉽기 때문이다. 그가 생각해낸 방법은 전체적 색조나 기법은 그대로

둔 채 얼굴을 뒤집는 것이었고, 이는 탁월한 선택이었다.

왜 샤갈의 선택이 탁월한지를 이해하기 위해 다시 한번 얼굴인식기제 이야기를 하자. 우리의 얼굴인식기제는 위에서 아래로, 눈 코 입순 배열에 적응되어 있다. 아니 지구 상의 모든 종이 동일한 순서에 적응되어 있다고 하는 편이 옳을 것이다. 그래서 아래위가 뒤바뀌면 전문화된 얼굴인식기제가 작동하지 않고, 얼굴 이외의 사물을 보듯이 일반 시각기제가 작동한다. 얼굴인식기제는 눈 코 입 순서가 뒤바뀐 얼굴을 얼굴로 인식하지 않기 때문이다. 일반 시각기제는 뒤바뀐 얼굴의 세부 항목들을 분석하기 시작하고, 이때 배치 순서는 뒤바뀌어 있지만 눈 코 입이 정상적인 그림을 정상적인 얼굴 다음으로 쉽게 지각한다.

이제 이 장의 초두에 한 질문 "왜 화가들은 얼굴을 그렇게 자주 그리는가?"에 대해, 얼굴은 우리가 가장 자주 보는 대상이기 때문이라는 대답은 지나치게 단순해 보일 것이다. 단순히 자주 보는 것 이상의, 다른 대상과 분명히 구별되는 시각적 가치가 얼굴에는 있다. 미술심리학자 라토는 지금까지 설명했던 얼굴의 시각적 가치를 인체의 문제로까지 확대해서 생각한다. 그럴 만한 특별한 맥락이 없는 현대회화에조차 인체가 자주 등장하는 이유는, 얼굴인식기제처럼 인체를 처리하는 특별한 기제가 있고 그만큼 시각적 가치가 크기 때문이라는 것이다. 충분히 그럴 수 있지만 아직 이에 대해서는 답을 유보하는 게 좋을 것 같다.

18
커다란 자동차의 얼굴(전면)이 뭉개진 경우보다 구석에 있는 작은 운전자 얼굴이 뭉개진 것이 더 큰 심리적 효과를 가져올 수 있다.

19
마르크 샤갈, 「화원」. 뒤집힌 얼굴 이외에 이렇다 할 특이점이 없다. 샤갈 그림의 그로테스크하고 몽환적인 느낌에는 뒤집힌 얼굴이 한몫을 한다.

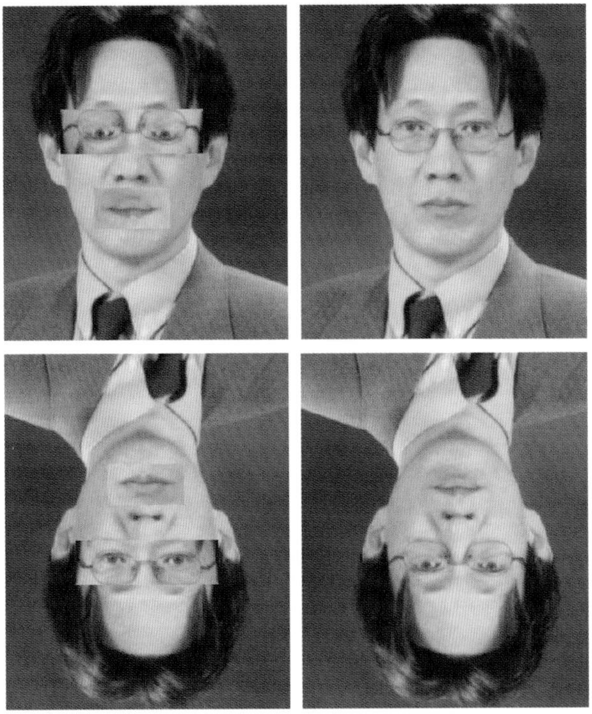

20
정상적인 오른쪽 상단 사진 다음으로 얼굴인식이 용이한 것은 오른쪽 하단 사진이다. 얼굴의 전체적인 모습은 상하가 뒤집혀 있지만 입과 얼굴이 정상적이기 때문이다. 전문화된 얼굴인식기제가 아닌 일반 시각기제가 처리하기에는 눈과 입이 정상적인 경우 인식이 더 용이하다.

그러나 얼굴의 경우는 다르다. 분명한 신경학적 기제가 존재하며 그 기제가 무력화됐을 때 인식 자체가 어려워진다. 인체의 경우는 전담하는 기제가 있고 그것이 무력화되었다 할지라도 일반 시각기제에 의해 충분히 처리될 수 있지만 얼굴은 그렇지 못하다. 우리의 얼굴은 아름다운 꽃이나 집, 또는 다른 무엇과도 비교할 수 없는 육중한 시각적 무게를 지니고 있는 셈이다.

3

좌뇌와 우뇌가 보는 얼굴은 다르다

책표지, 포스터, 상품 포장재 등을 디자인할 때 자주 고민하는 문제 중 하나는 제목, 브랜드, 제품 종류 같은 중요한 정보를 어디에 배치할 것이냐이다. 대개 왼쪽이냐, 오른쪽이냐를 고민한다. 디자이너들에겐 이에 관한 어떤 원칙이 있을 것이라 생각한다. 혹자는 "그것은 다른 디자인 요소와의 관계에 따라 결정되는 것이며 조건이 같다면 마음먹기에 따라 왼쪽이 좋을 수도, 오른쪽이 좋을 수도 있는 것 아닌가?"라고 답할지도 모른다. 그러나 그런 것 같지는 않다. 마음먹기에 달렸다고 하기에는 좌우에 따라 느낌이 확연히 달라진다. 대개 오른쪽에 중요한 정보를 놓아야 안정감이 있어 보인다. 더러는 왼쪽에 중요한 정보가 배치되는 경우도 있다.

그렇다 해도 중요한 정보를 오른쪽에 놓는 게 대세이다. 이를 우측선호라 하자. 왼쪽에 배치되어야 안정감을 주는 경우도 명확히 설명하기는 어렵지만 우측선호라는 원칙에서 파생된 것처럼 보이는 경우가 많다. 왜 그런지에 대해서는 잠시후에 이야기하자.

21
왼쪽 비디오테이프 디자인의 경우 모델명(T-120)과 브랜드명이 오른쪽에 배치되어 있으나, 오른쪽 디자인의 경우는 왼쪽에 배치되어 있다. 그렇다고 오른쪽 것을 왼쪽 중심 디자인이라고 단정할 수는 없다.

대부분의 디자이너들은 글쓰는 방향 때문에 우측선호가 생긴 것으로 알고 있다. 잘 알다시피 알파벳이건 한자건 거의 모든 문자는 좌에서 우로 쓰인다. 과거엔 우에서 좌로 쓰이기도 했지만 모두 옛날 이야기다. 글자를 쓰는 방향이 이렇다보니 자연스럽게 구도와 팔운동이 좌에서 우로 향하는 방향에 익숙해지고 우측선호로 이어졌다는 것이다.

이렇게 생각하면 중요한 정보가 왼쪽에 있는 듯 보이는 디자인도 이해가 된다. 비록 중요한 정보가 왼쪽에 있더라도 전체적인 구도가 오른쪽으로 흐르는 듯한 느낌을 준다면 그것 역시 크게 보아 우측선호라 할 수 있으니까.

이런 생각에는 우리의 글쓰기 습관이 달라지거나 그 습관을 압도하는 다른 학습이 이루어지면 우측선호는 바뀔 수 있다는 생각이 포함되어 있다. 그러나 과연 우측선호가 글쓰기 방향 때문일까? 그래서 상황에 따라 얼마든지 달라질 수 있는 것일까?

레비(J. Levy) 같은 신경심리학자는 글쓰기 습관보다 더 근본적인 원인이 있을 거라고 생각한다. 바로 좌뇌와 우뇌의 기능이라는 관점에서 우측선호를 설명할 수 있다고 보는 것이다. 과연 레비의 생각이 옳은지에 관해서는 이어지는 설명을

22
레비의 연구에 사용된 그림의 일부. 성문이나 해안 등 흥미롭거나 중요한 대상이 오른쪽에 있는 그림들이 선호된다.

통해 독자 스스로 판단할 수 있을 것이다. 그러나 옳고 그름을 떠나 이와 같은 설명은 미술감상의 묘미를 더해주고 우리의 두뇌 작용을 이해하는 데 큰 도움이 될 것이다.

이 이야기를 위에 보이는, 좌우가 뒤바뀐 그림 두 쌍 가운데 어느 것이 더 마음에 드는가를 묻는 질문으로 시작해보자.

레비가 조사한 바로는 오른손잡이의 경우 왼쪽 그림, 즉 중요한 대상이 오른쪽에 있는 그림을 좋아하는 사람이 더 많았다고 한다. 그러나 왼손잡이의 경우 이런 경향이 분명하지 않았다. 그래서 앞으로 진행되는 이야기들은 모두 오른손잡이를 대상으로 한 것이라는 점을 밝혀둔다. 그리고 앞 장에서 소개한 좌뇌와 우뇌의 기능 차이는 정서와 관련된 것이라는 점도 혼동하지 말아야 한다. 여기서는 시각정보처리 측면에서 좌뇌와 우뇌의 기능 차이를 이야기할 것이다.

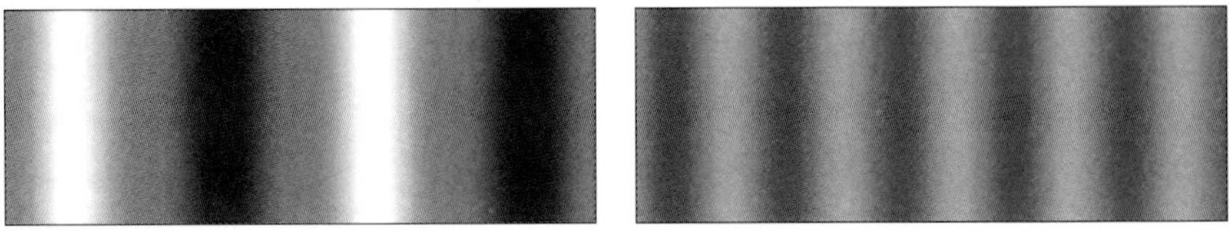

23
검은색에서 흰색으로의 변화가 왼쪽 것은 완만하고 오른쪽 것은 급격하다. 오른쪽 그림이 공간빈도가 더 높다고 할 수 있다.

■■ 작게 보는 좌뇌, 크게 보는 우뇌

'공간빈도(spatial frequency)' 라는 개념이 있다. 단위 면적당 밝기변화가 얼마나 심한가를 일컫는 말이라고 생각하면 된다. 밝기변화가 심할 때 공간빈도가 높다고 하는데 쉽게 말하면 밝기변화가 급격하다는 뜻이다. 반대로 낮다고 할 때에는 완만하다는 말이 된다. 위 그림을 보면 쉽게 이해할 수 있다. 왼쪽 그림은 밝기변화가 완만하니 저(低)공간빈도이고 오른쪽 그림은 밝기변화가 상대적으로 급격하니 고(高)공간빈도라 할 수 있다. 고공간빈도는 매우 미세하고 정교한 시각정보라 할 수 있다. 좌뇌는 고공간빈도의 정보를 부호화하는 데 더 적합하고 우뇌는 저공간빈도의 정보를 부호화하는 데 더 적합하다고 한다. 더 나아가 좌뇌는 미세한 정보의 부호화에 특화되어 있고 우뇌는 미세하지는 않지만 전체적인 정보를 부호화하는 데 특화되어 있다는 연구결과도 나와 있다.

공간빈도에 따라 좌우뇌가 정보를 처리하는 방식은 서로 다르다. 이는 비단 시

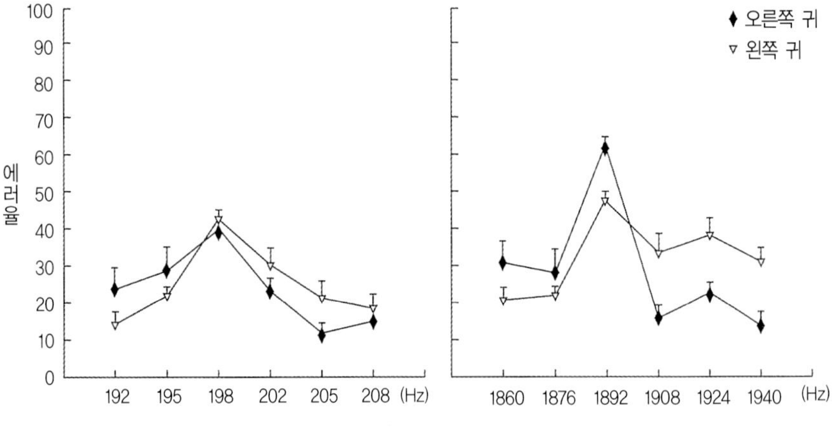

24
왼쪽 도표는 주파수가 낮은 소리를, 오른쪽은 주파수가 높은 소리를 이용한 실험 결과다. 어느 경우이건 상대적으로 소리가 낮을 때에는 오른쪽 귀(좌뇌)의 실수가 많다가 소리가 높을 때에는 왼쪽 귀(우뇌)의 실수가 많아지는 것으로 나타났다.

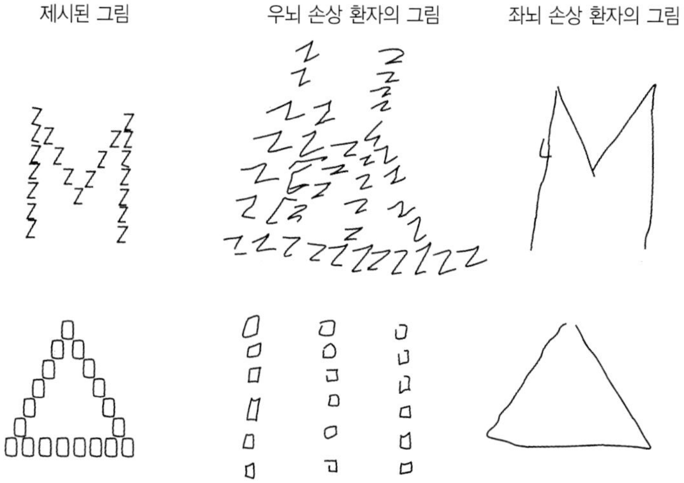

25
우뇌가 손상된 환자는 좌뇌에 의존해 대상을 지각한다. 세부적인 특징을 지각하는 데 특화된 좌뇌의 특성 때문에 글자를 구성하는 Z나 사각형은 인식할 수 있지만 전체적인 구조는 파악하지 못한다. 반대로 좌뇌가 손상된 환자는 글자의 전체적인 구조는 파악하지만 세부적인 특징은 파악하지 못한다.

각에만 국한된 것이 아니며 청각 역시 마찬가지다. 고음, 다시 말해 빈도가 높은 주파수는 좌뇌가 더 잘 처리하고 주파수가 낮은 저음은 우뇌에서 더 잘 처리한다. 그림 24는 좌뇌(오른쪽 귀)와 우뇌(왼쪽 귀)에 여러 높이의 소리를 들려주고 얼마나 정확히 처리했는가를 보여주는 도표다. 소리가 높아질수록 왼쪽 귀(우뇌)의 실수가 많아지는 것을 볼 수 있다.

좌뇌와 우뇌가 시각정보를 처리하는 방식의 차이를 극명히 보여주는 사례 중 하나는 뇌손상 환자들의 그림이다. 좌뇌만 손상된 사람은 우뇌에만 의지해서 시각정보를 처리하므로 저공간빈도 정보에 담겨 있기 십상인 그림의 전체적인 구조는 파악하지만 세부 특징은 처리하지 못한다. 반대로 우뇌가 손상된 사람은 세부 항목은 정확히 지각하지만 전체 구조를 파악하지 못한다.

그림 25가 그러한 사례다. 작은 사각형으로 이루어진 삼각형에서 좌뇌가 손상된 환자는 삼각형이라는 큰 구조를 지각하지만 그것을 구성하는 작은 사각형은 지각하지 못한다. 반면 우뇌가 손상된 환자는 작은 사각형은 지각하지만 큰 삼각형을 인식하지 못한다.

26
좌우반구가 손상된 환자의 그림 그리는 능력을 보여주는 또다른 사례다. 왼쪽 그림이 좌뇌 손상 환자가 그린 그림으로, 자전거 바퀴살이나 창문틀 같은 세부묘사가 생략되어 있다. 반대로 우뇌가 손상된 환자의 그림은 창틀, 바퀴살 같은 세부묘사는 충실하지만 집이나 자전거의 전체 구조를 그려내지 못한다.

■■ 우뇌 손상과 좌뇌 손상

이와 같이 우뇌가 손상되면 전체적인 공간 정보를 처리하는 능력이 떨어질 뿐 아니라 시각적 주의력 역시 감퇴한다. 특히 우뇌 후두엽이 손상된 사람은 시선을 시야의 좌우에 고르게 배분하지 못한다. 그래서 종종 그림 왼쪽을 무시하고 생략해버리기 일쑤다.

그림 27은 레이놀드 브라운이라는 미국 화가가 그린 것이다. 1950~60년대 할리우드 영화의 포스터를 주로 그린 사실주의 화가였던 브라운은 뇌출혈로 우뇌가 손상되었다. 그림 a는 뇌손상 전의 사실적인 화풍을 보여준다. b는 뇌손상 초기에 그린 것인데, 이때는 왼쪽을 생략한 채 그림을 그렸지만 이 사실을 깨닫지 못했다고 한다. 그러나 점차 이 사실을 깨닫고 이를 극복하기 위해 가급적 인물의 정면을 피하고 측면을 그렸다고 한다.

c가 그러한 사례인데 왼쪽을 생략하는 경향이 많이 완화되기는 했지만 완전하지는 못해, 인물을 45도 정도 틀어 오른쪽이 많이 보이게 하고 왼쪽을 최소화했다. 그림 스타일도 변하기 시작해 a에서 보는 섬세하고 사실적인 묘사는 사라지

27

레이놀드 브라운의 우뇌 손상 전후의 그림들. 얼굴 왼쪽을 무시하고 그리면서도 이를 의식하지 못했다고 한다. 나중에는 이를 의식하고 옆얼굴만 그리다가 풍경화만을 그리게 된다. 붓터치도 거칠고 과감해졌다.

고 선은 굵어지며 인상주의 화풍을 띠게 된다. 그림의 소재도 인물에서 풍경으로 바뀌었는데, 뇌손상 전에는 그림을 그리기 전 마음속으로 그릴 형태를 상상한 후 그렸다. 하지만 손상 후에는 마음속으로 미리 그려보는 작업이 쉽지 않아 직접 보고 그릴 수 있는 풍경화만을 그리게 됐다고 한다.

이상의 사례들을 요약하면 우뇌는 미세하지는 않지만 대상의 전체적인 구조를 파악하는 데 도움이 되는 정보처리에 특화되어 있고, 좌뇌는 정교하지만 부분적인 시각정보를 처리하는 데 특화되어 있는 것 같다. 그리고 우뇌의 후두엽에 있는 시각피질은 시각적 주의를 관장하는 부위일 가능성이 크다. 이런 사실을 염두에 두고 애초에 했던 질문 "우리는 왜 중요한 대상이 오른쪽에 있는 그림을 더 좋아할까?"를 다시 생각해보자.

앞서 본 그림뿐만 아니라 대개 중요한 대상이 오른쪽에 있는 그림을 사람들은 좋아한다. 물론 오른손잡이의 경우에 해당되는 얘기다. 일상에서 쉽게 접하는 수많은 광고물에서도 이를 쉽게 확인할 수 있다. 디자이너들은 사람들이 좋아하는 방식으로 구도를 잡으니 그럴 수밖에 없다. 그림 28은 한 해의 광고물만 모아놓은 일본 광고연감의 어느 한 페이지를 무작위로 선정한 것이다. 이 페이지에 있는 광고물 세트는 한결같이 중요한 문구를 오른쪽에 배치했다.

레비는 앞에서 본 풍경사진 말고도 다른 많은 풍경사진들을 이용해 좌우선호를 분석하였는데 오른쪽에 중요한 대상이 있는 사진이 10퍼센트 정도 더 선호되는 것으로 나타났다. 그러나 이들 사진 가운데에는 대상 자체의 특징 때문에 왼쪽에 놓여야 안정감을 줄 수밖에 없는 사진들도 포함돼 있어, 우측선호는 통계수치보다 더 강하다고 보아야 할 것 같다. 좌우측 모두 비슷한 정도로 선호된 사진들은 중요한 대상이 어느 한쪽으로 편중되지 않고 넓게 퍼져 있거나 중앙에 몰려 있는 것들이었다.

레비는 두뇌의 구조가 좌우 선호에 영향을 준다고 보고 오른손잡이가 선호했던 슬라이드 10장을 왼손잡이에게 보여주었다. 그러나 왼손잡이의 선호에 별다른 영향을 주지 못했다. 이 결과는 오른손잡이의 대뇌 구조가 심미적 편향을 야기하지만 왼손잡이의 경우는 그렇지 않다는 것을 보여주는 것이다.

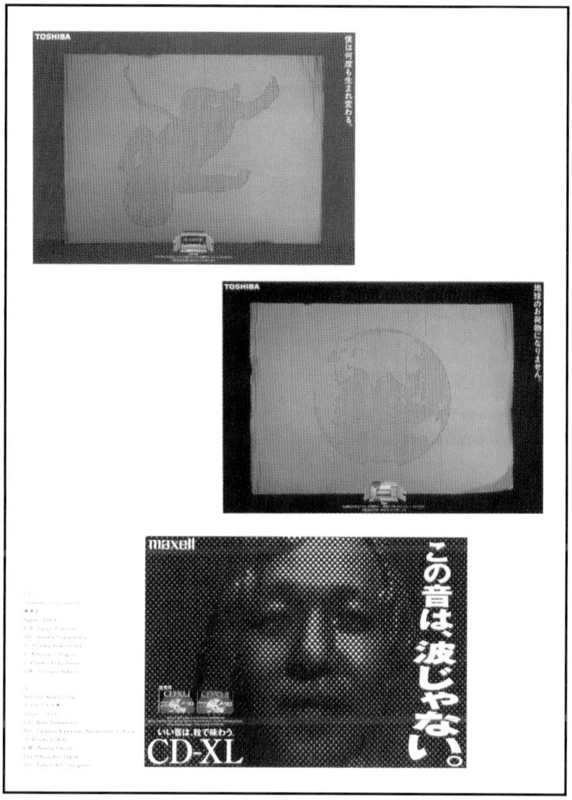

28
일본 광고연감 〈Artifile〉의 한 페이지를 무작위로 발췌한 것인데, 캐치프레이즈와 같은 중요한 정보가 오른쪽에 배치되어 있다.

■■ 우측선호에 대한 네 가지 설명

시각정보를 처리하는 대뇌 좌우반구의 기능적 특징은 이밖에 많은 연구를 통해 확인되고 있다. 그러나 좌우반구의 기능적 특징을 알았다고 바로 우측선호를 설명할 수 있는 것은 아니다. 좌우반구의 기능적 차이를 인정하면서도 약간씩 엇갈리는 설명이 넷 있다. 이 가운데 어느 것이 옳은지는 더 시간이 흘러야 알 수 있을 것이다. 현재로서는 순전히 독자들의 판단에 맡길 수밖에 없다. 몇 사람의 설명을 들어보자.

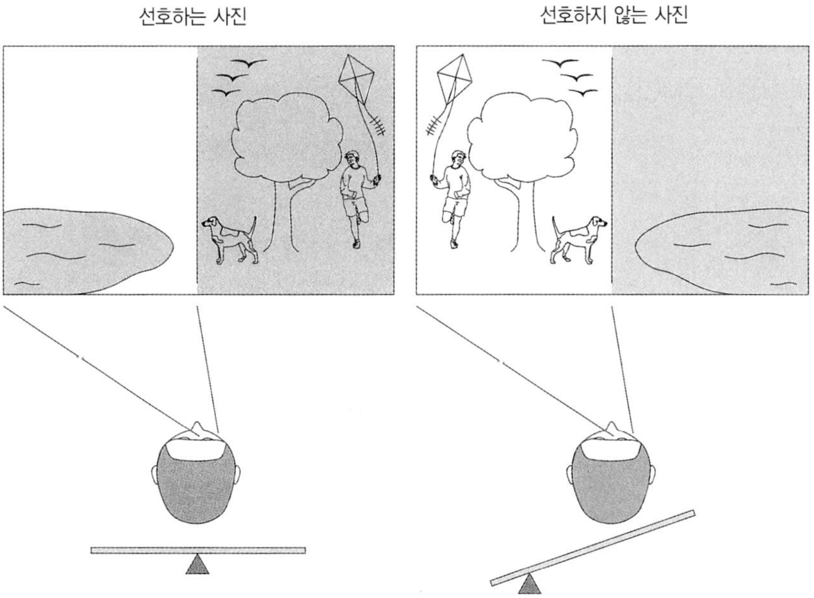

29
오른손잡이는 중요한 내용이 오른쪽에 있는 그림을 선호한다. 레비는 미적 판단에 의한 복잡한 공간정보의 분석은 우반구를 활성화해 공간 왼쪽을 주목하게 한다고 한다. 선호하는 사진에서는 주의편향이 사진 오른쪽의 복잡한 내용들에 의해 상쇄되고 그림은 좌우 균형이 맞는 것으로 지각된다고 한다.

레비의 설명: 오른손잡이의 대뇌는 사진 왼쪽을 더 주목하려는 생래적 성향이 있고 이를 상쇄하여 균형을 맞추려는 기제가 우측선호로 이어진다고 주장한다. 그녀의 주장에는 심미적 판단은 복잡한 공간분석을 요구하고 이런 분석은 오른손잡이의 우뇌를 활발하게 한다는 가정이 깔려 있다. 따라서 우뇌가 활발해질수록 사진 왼쪽에 대한 주의편향은 더 커지고, 중요한 내용이 오른쪽에 있게 되면 좌우균형이 맞는 것으로 지각되면서 선호된다. 그림 29는 이런 생각을 설명하는 것이다. 반대로 왼손잡이의 경우에는 공간분석기능이 비교적 좌우에 균형 있게 편재되어 있어 특별히 좌우편향을 보이지 않는다고 할 수 있다.

버몬트의 설명: 그림 속의 중요한 내용은 우리의 시선을 그곳으로 유도하고, 결과적으로 그림의 대부분이 좌측 시야에 놓이게 한다. 그래서 좌측 시야에 있는 내용들은 오른손잡이의 경우 전체적인 공간분석을 담당하는 우반구에서 처리된다. 공간적 관계에 대한 정보의 많은 부분이 우반구의 시각피질에서 처리된다는 것은 앞에서 설명한 바 있다. 그래서 이 부위에 손상을 입게 되면 그림 그리는 능력도 영향을 받게 된다. 예컨대 이 부위에 손상을 입은 사람은 두 선을 평행하게

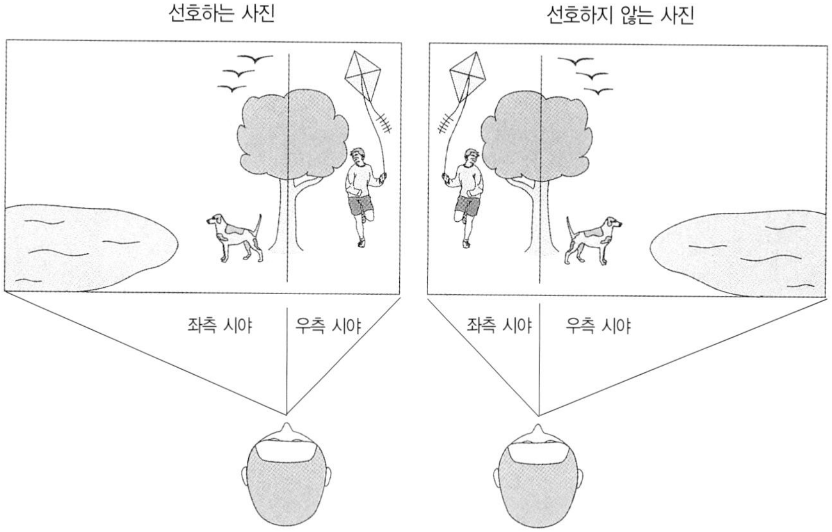

30
버몬트는 복잡한 내용들은 응시점에 영향을 준다고 가정한다. 선호하는 사진에서는 흥미로운 내용이 많은 오른쪽에 응시점이 위치하고 결과적으로 사진의 대부분은 좌측 시야에 놓여 우뇌가 처리한다. 그리고 우뇌는 복잡한 공간의 분석에 특화되어 있다.

긋지 못할 정도다. 손상이 심각하지 않은 경우에는 사물의 기본적인 공간관계는 그려내지만 세세한 공간관계를 뒤죽박죽으로 그린다. 이런 사례가 앞서 본 자전거나 집 그림이다.

이런 이유로 그림의 많은 부분이 좌측 시야에 놓이면 그림의 전체적인 구조를 파악하기 쉽다. 또 중요하고 세부적인 내용을 우측 시야에 놓으면 좌우반구의 기능과 시각정보가 일치하게 된다. 그림 30은 이를 설명하고 있는데 그림의 대부분이 좌측 시야에, 세부적인 내용은 우측 시야에 있게 된다. 이와 같은 시각정보와 좌우반구 기능의 일치는 그 자체로 편안하고 쉽게 정보를 처리하게 만들 것이라 예상할 수 있다. 다시 말해 우측에 세부적인 정보가 있다는 점이 중요한 게 아니라 그로 인해 그림의 많은 부분이 우반구에서 처리되고 이런 자연스러움이 우측 중심 그림의 선호로 이어진다고 보는 것이다.

베니치의 설명: 좌우반구의 정보처리 특성과 우측 중심 그림의 정보 분포는 서로 일치한다. 앞서도 말했지만 좌뇌는 세부적이고 정교한 정보처리에, 우뇌는 전체적인 공간정보처리에 특화되어 있다. 그래서 그림 오른쪽에 세부적이고 정교

31
베니치는 좌우반구의 처리 방식과 정보의 조화가 중요하다고 한다. 선호하는 사진에서는 우측 시야에 있는 상세 정보가 좌뇌로 투사된다. 좌뇌에서는 국소처리에 특화되어 있다. 반면 좌측 시야에 있는 그림의 전체적 공간정보는 우뇌로 투사된다. 우뇌는 전체적 공간정보 처리에 특화되어 있다고 한다.

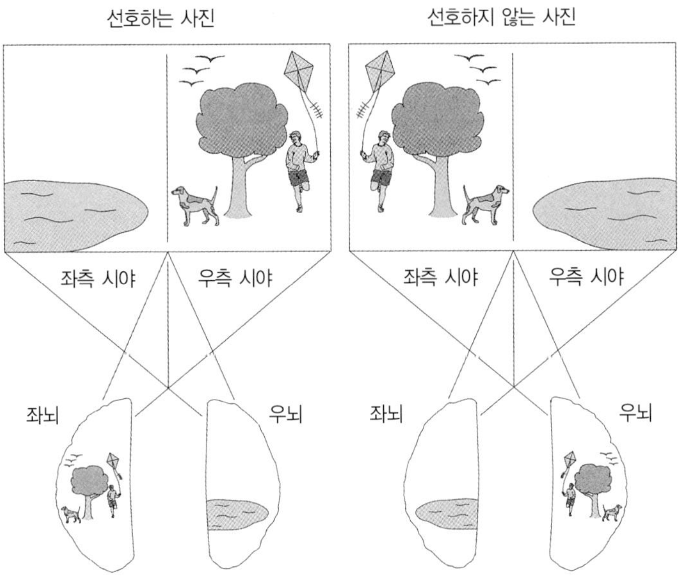

반구의 정보 유형	부분적	전체적	부분적	전체적
받은 정보 유형	부분적	전체적	전체적	부분적

한 형태의 대상이 있으면 그런 정보처리에 특화되어 있는 좌뇌와 잘 어울리게 된다. 반면 그림의 나머지 부분에 분포되어 있는 전체적 공간관계에 대한 정보는 우뇌에서 처리하고 이 또한 정보유형과 우뇌의 기능이 서로 잘 맞아떨어지는 경우이다. 이렇게 정보 유형과 좌우뇌의 특성이 조화를 이루면 대뇌는 그만큼 편하고 자연스럽게 정보를 처리하게 되고, 이런 편안함이 우측선호로 이어진다는 것이다.

버몬트의 설명과 혼동하지 말아야 한다. 베니치는 정보의 질적인 측면, 즉 부분적 정보와 전체적 구조에 대한 이야기를 하는 반면 버몬트는 전체적 구조를 쉽게 알 수 있도록 그림의 많은 부분, 즉 많은 정보가 우측 반구에서 처리되기 때문에 우측선호가 생긴다는 견해로, 정보의 양을 중시하고 있는 것이다.

데이비드슨의 설명: 앞 장에서 긍정적인 정서는 좌반구에서, 부정적인 정서는

우반구에서 주로 처리된다고 했다. 정서 표현에서도 그렇고 그림 6에서 보았던 것처럼 정서를 지각하는 데서도 그렇다. 이를 역으로 생각하여 좌뇌가 활성화되면 그렇지 않을 때보다 더 즐겁고 긍정적이며 낙관적으로 될 수 있다는 말이 된다. 그래서 흥미로운 대상이 그림의 오른쪽에 있어 좌뇌, 특히 전두부위가 활성화되면 즐거운 기분을 느낄 수 있고, 결과적으로 우측선호로 이어진다. 실험을 통해서도 유사한 결과를 얻을 수 있는데 데이비드슨은 어른을 대상으로, 헬러는 어린이를 대상으로 동일한 그림을 우측 시야에 보여주는 경우와 좌측 시야에 보여주는 경우에 나타나는 반응을 비교하였다. 그림에 묘사된 정서의 유형과는 상관없이 좌측 시야에 보여주는 경우 더 부정적으로 평가하는 경향이 있었다고 한다.

■■ 우측선호는 실재하는가?

현재로서는 이 설명들 가운데 어느 것이 옳은지 판단하기 어렵다. 그러나 분명한 것은 우측선호가 단순히 글쓰기 방향 때문이라고 보기 어려운 대뇌 좌우반구의 기능상의 특징이 있다는 것이다. 한편으로는 "우측선호는 과연 무엇을 말하는가?"라는 질문을 계속 제기할 수 있다. 중요한 대상이 화면의 우측에 있는 것만을 말하는 것인가? 아니면 그것 이상의 의미를 지니고 있는가? 이 문제를 분명히 하는 것은 좌우반구 기능 차에 기초한 우측선호론의 설득력을 높이는 데 중요하다. 우측선호가 무엇을 말하는지 명확히 이해하지 못하면 우측선호 경향을 부정하는 증거가 아닌데도 마치 부정하는 증거로 보이는 것들이 있기 때문이다. 예컨대 디자인 분야에서 일반적인 우측선호가 순수회화에서는 명료하게 나타나지 않는다. 그렇다고 좌측선호가 있다는 말도 아니다. 그림 32는 고야의 「1808년 5월 3일」이라는 작품이다. 이 작품에는 처형당하는 민중의 모습이 화면 왼쪽에 배치되어 있다. 굳이 이 그림을 예로 들지 않더라도 순수회화의 세계에서 우측선호 경향을 발견하기는 어렵다. 그렇다고 우측선호 경향이 아예 없다고 볼 수는 없는 것이, 우측선호 경향이 역으로 작용했을 수 있기 때문이다. 디자인은 소기의 목

32
프란시스코 고야, 「1808년 5월 3일」, 1814. 중요한 내용이 왼쪽에 배치되어 있다. 어쩌면 오른쪽 중심 그림의 편안함을 원하지 않았기 때문일 수도 있다.

적을 달성하기 위해 보는 이의 마음을 편안하고 즐겁게 하는 게 중요하다. 이에 반해 순수회화의 경우에는 도리어 보는 이의 마음을 불편하게 하여 특정한 예술적 의도를 달성하기도 하기 때문이다. 다시 말해 우측선호 경향을 거스름으로써 바라는 바를 달성한다는 말이다.

우측선호를 부정하는 것처럼 오인되기 쉬운 또다른 사례는 그림 33과 같은 자동차 안내책자나 광고사진에서 발견할 수 있다. 이 그림에서는 컨트롤 패널이나 핸들 같은 세부적이고 중요한 대상이 왼쪽에 있다. 베니치나 버몬트의 설명대로라면 이것은 분명 좌우반구의 정보처리 특성과 맞아떨어지지 않아 불편한 그림으로 느껴져야 한다. 그러나 별반 어색한 느낌은 들지 않는다. 분명 우측선호를 부정하는 사례로 보이기 쉬우나 그렇게 단정하기 어려운 이유가 있다. 비록 운전대나 컨트롤 패널 같은 세부적인 대상들이 왼쪽에 배치되어 있기는 하지만 이 사진은 시트와 실내 공간을 보여주기 위한 사진이기 때문이다. 더욱이 의자 등받이나 머리받이 등에 밝기대비가 풍부한 빛이 있으며 오른쪽으로 향하는 동세가 있

어 충분히 오른쪽 중심의 사진으로 볼 수 있다는 것이다.

33
자동차의 컨트롤 패널이 왼쪽에 있으니 왼쪽 중심 사진으로 볼 수도 있지만 이 컷의 포인트는 자동차의 실내 정경, 특히 시트의 질감이다.

이 사진이 우측선호 원칙에 부합하는 사진일 가능성이 큰 것은 동일한 책자 내에 있는 다른 사진들에서는 우측선호가 분명히 드러나기 때문이다. 아래와 같은 상업사진에서도 앞서 본 고야의 그림과 유사한 이유로 왼쪽이 선호되기도 한다. 통상 자동차 광고에 사용되는 사진에는 자동차의 앞부분이 오른쪽을 향하도록

34
세단형 자동차는 편안함과 안정감을 주기 위해 대개 오른쪽을 향하게 촬영하고 스포츠카나 레저용 차는 역동적인 인상을 주기 위해 왼쪽으로 향하게 촬영하는 게 광고의 상식이다.

35
심사정, 「선유도(仙遊島)」, 지본담채, 1764. 동양화에서도 선문, 서명, 낙관 등이 그림 우측에 배치되는 경우가 많다. 이 그림에서도 선문과 낙관이 우측에 배치되어 있다. 배의 위치도 우측으로 치우쳐 있지만 이는 미학적 배려로 보이지는 않는다.

한다. 그래야 소비자들은 더 안정감 있는 브랜드라는 인상을 받기 때문이다. 그러나 레저용 자동차나 스포츠카의 경우에는 안정감보다는 역동적인 느낌을 주고 싶어한다. 그래서 차의 앞부분이 왼쪽을 향하도록 한다.

많은 미술학도들이 한번쯤은 궁금해했음직한 것이 우측선호 경향이다. 앞서 말한 대로 글쓰는 방향 때문이라고 나름의 해석을 갖다붙이기도 하고, 보기 나름이라고 무시했을 수도 있지만 막상 닥치면 또다시 고민하게 되는 문제이기도 하다. 그러나 적어도 디자인의 경우에는 우측선호가 통계적으로 분명히 나타난다. 위에서 아래로 글씨를 쓰던 조상들의 그림에도 낙관이나 선문(選文)은 우측에 배치되어 있는 경우가 압도적으로 많다. 낙관이 좌측에 있는 경우도 있지만 그런 경우에는 가옥이나 인물 같은 주요 대상이 이미 우측에 있는 경우다. 저간의 사정을 감안할 때 우측선호를 대뇌 기능에서 찾는 것은 너무나 자연스러운 일이다. 더구나 대뇌 좌우반구의 기능 차는 우측선호의 여러 변형까지도 설명할 수 있다는 이점이 있다.

4

아름다움을 느끼는 세포

심리학에 처음 입문하던 무렵 누군가에게 "심리학의 마지막 연구 주제는 '사랑'과 '아름다움'일 것이다"라는 이야기를 들은 적이 있다. 그만큼 이해하기 어려운 주제라는 뜻이다. 현재 심리학이 이 주제를 다룰 만큼 발전했는지 모르겠지만, 이 장에서는 '아름다움'에 대한 이야기를 하려고 한다. 그렇다고 필자가 현재의 심리학 수준을 능가하는 어떤 경지에 도달했다는 얘기는 결코 아니다. 다만 미술심리학 연구자라는 처지 때문에 이 주제를 다루어보려는 것뿐이다.

미술심리학은 루돌프 아른하임의 말처럼 정통심리학이 추구하는 과학적 엄격성을 좀 유보하더라도 어느 정도 자유로운 상상력이 허용되어야 나름의 진보를 이룰 수 있는 분야다. 미술심리학만의 연구 패러다임이 필요하다는 말이다. 이 자유로운 상상력이 정통심리학자들에게는 허용되지 않지만 심리학의 가장자리를 어슬렁거리는 필자에게는 허용된다. 그래서 감히 아름다움의 문제를 이 책에서 다룰 수 있는 것이며, 특히 이 장에서는 아름다움이라는 내적 경험에 관한 문제를 짚어보려는 것이다.

최근 학계에서는 인간의 마음과 뇌에 대한 이해에 상당한 진전이 있었다. 그렇다 해도 아름다움의 문제를 속 시원히 풀어놓기에는 역부족이다. 그래서 지금까지 알려진 몇 가지 사실을 토대로 아름다움의 실체에 대한 대강의 윤곽을 그려보려 한다. 미술과 디자인의 창작과 비평, 감상에 실질적인 도움을 줄 수 있는 통찰이나 가설을 세울 수만 있다면 과학적 엄격성은 조금 유보해도 좋지 않을까 생각하기 때문이다.

■■ 아름다운 얼굴을 인식하는 기제

얼굴 이야기로 시작해보자. 앞서 얼굴은 우리의 생존에 매우 중요한 사회적 정보를 표현하는 수단이라고 말했다. 그리고 얼굴에 표현된 사회적 정보, 즉 표정은 어느 문화권에서도 통하는 보편성이 있다는 이야기를 했다. 생각해보라. 전혀 만나본 적 없는 지구 반대편 사람들이 동일한 표정으로 의사를 전달한다는 것을…… 이런 일은 표정인식이 우리 뇌에 유전적으로 각인된 기제에 의해 처리되기 때문일 수 있다.

여기서 한 번 더 생각해봐야 할 것은 얼굴 표정이 단순히 사회적 의사전달 수단이기만 하다면 모든 인류에게 보편적일 필요는 없을 것이다. 나라마다 언어가 다른 것처럼 국지적으로 통용되기만 하면 되는 것이지 인류 보편일 필요는 없다는 말이다. 그러나 만약 얼굴 생김새나 표정이 장래 배우잣감을 매혹하거나 판단하는 수단일 경우 이야기는 달라진다. 사람들이 매력적이라고 판단하는 육체나 얼굴에는 보편적인 생물학적 조건이 작용할 것이기 때문이다.

모든 인류는 거의 유사한 방식으로 배우자를 고르고 임신을 하며 자식을 낳고 양육한다. 이를 위해 필요한 자원도 거의 동일하다. 그러므로 짝짓기를 위해 배우잣감에게 자신을 돋보이게 하는 여러 자원들, 예컨대 얼굴 표정이나 육체적 특징 역시 동일할 것이다. 얼굴 표정 등에 인류가 받아들일 수 있는 보편성이 있다면 그것을 인식하는 기제 역시 공통적으로 갖고 있을 것이고, 그런 특징은 대뇌에 주형화(鑄型化)되어 있을 가능성이 크다. 그렇지 않을 경우 번거로운 학습과정이 필요하고 이 과정에서 많은 착오가 생길 수도 있으니까.

한 문화권에서 아름다운 얼굴은 다른 문화권에서도 그렇게 받아들여지고, 이는 성적 매력과 관련 있다는 것이 인류학계의 통설이다. 예컨대 건강한 사람은 신체 비례나 피부색이 좋을 것이며 얼굴도 균형 잡혀 있을 것이다. 남성의 큰 눈과 강한 턱, 그리고 여성의 균형 잡힌 눈의 위치와 도톰한 입술 등 남녀의 미적 덕목이라고 하는 것들은 모두 다산(多産), 자식 돌보기, 열정, 식량 구하기, 전투력 등의 지표로 볼 수 있다.

앞 장 어디선가 뇌의 방추회에는 우리의 생존에 각별한 의미가 있는 얼굴 지각을 전담하는 세포가 있을 정도라고 했다. 얼굴을 전담하는 세포가 있다면, 그리고 육체나 얼굴의 미에 보편성이 있다면 아름다운 얼굴을 자동으로 지각하게 해주는 유전적 기제가 있을 법도 하다. 여기서 말하는 '자동'이라는 뜻은 어떤 특성에 주의를 기울이지 않더라도 그 특징에 관한 정보가 처리되는 것을 말한다.

미국 매사추세츠 종합병원의 애런은 남성의 뇌에서 아름다운 여성의 얼굴을 자동으로 인식하게 해주는 기제를 발견했다고 주장한다. 그는 이성애자인 남성들에게 아름다운 여성과 보통 여성, 그리고 잘생긴 남성과 보통 남성의 사진을 각기 보여주며 뇌의 혈류량 변화를 측정했다. 그 결과 아름다운 여성의 사진을 볼 때 혈류량이 증가하는 특정 부위가 있어 이 부위를 미의 인식과 연관된 부위라 추정하는 것이다.

애런이 발견한 이 부위의 위치는 변연계의 중격(septum) 근처에 있는 측핵(Nuclues Accumbens) 속에 있었다. 측핵은 보상시스템의 핵심 부위로 알려진 곳으로 복측피개영역(ventral tegmental area)에서 뻗어 나온 도파민성 뉴런들이 시냅스를 이루는 곳이다. 인체는 생존에 유리한 특정 행위를 고무하기 위해 어떤 행위를 했을 때 신체 내부에서 즐거움을 보상한다. 이 보상을 관장하는 부위를 보상시스템이라고 한다. 보상시스템은 피질하영역과 부변연영역 등 다른 여러 뇌 부위와 연동하는데 이 연동 부위도 아름다운 여성의 사진을 볼 때 함께 흥분하는 것으로 밝혀졌다.

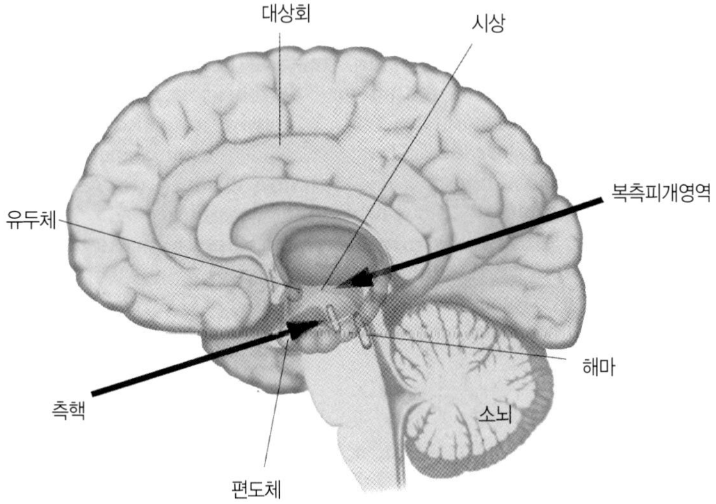

36
보상시스템의 핵심 부위인 측핵. 이곳에서 도파민성 뉴런의 시냅스가 형성된다.

■■ 미 인식 세포의 진화

재미있는 사실은 아름다운 여성의 얼굴에 반응하는 부위들이 맛있는 음식을 먹거나 마약을 복용했을 때, 또는 돈을 볼 때 흥분하는 부위와 같은 곳으로 추정된다는 것이다. 이는 마치 우리에게 섹스나 마약, 탐욕 등에 관한 신경회로가 있는 것처럼 보이기도 한다. 그러나 앞서 말했듯이 섹스는 종의 번식과 관련된 것이라 해당 시스템의 획득 동기가 일차적이다. 반면 탐욕 등은 섹스처럼 일차적인 것이 아니며 잦은 학습을 통해 획득된 2차적인 것이다. 다시 말해 여성의 아름다움을 자동으로 인식하게 해주는 시스템은 일차적인 것일 수 있지만 마약이나 돈에 대한 반응은 일종의 부산물이므로 별도의 시스템이 있지는 않을 것이다.

생물학에서 진화는 기능 단위로 이루어지며 새로운 기능이 필요할 때에는 그 기능과 가장 유사하게 기능하는 시스템을 변형시키는 방식으로 이루어진다고 한다. 그래서 마약이나 돈 등이 원래는 좋은 배우잣감을 고르기 위해 마련된 미적 인식체계와 자주 연합한다고 생각하는 것이 더 설득력이 있다. 그렇다면 예술감상을 통해 느끼는 즐거움도 이와 마찬가지로 동일한 미 인식체계의 작용에서 찾아볼 수 있지 않을까.

두 갈래로 그 가능성을 생각해볼 수 있다. 그렇다고 이 두 갈래 과정이 서로 배타적이라는 이야기는 아니다. 아마도 함께 작용할 가능성이 커 보인다.

한 가지 가능성은 미 인식체계가 처리하는 정보의 유형에 아름다운 얼굴이나 육체의 구조적인 특징들, 예를 들면 좌우대칭(symmetry), 균형(balance), 조화(harmony) 같은 특징들이 포함되어 있을 수 있다는 것이다. 그렇다면 이와 동일한 특징이 있는 예술작품에 대해서도 같은 반응이 나타나는 것이 충분히 가능한 일이다.

다른 한 가지 가능성은 앞서 말한 섹스, 마약 복용, 탐욕(greed)의 충족에 관여하는 뇌 부위가 얼굴 인식체계와 연합하는 것에 착안해, 예술작품을 감상할 때 뇌에서 진행되는 과정에 미 인식체계가 관여한다고 보는 것이다. 이런 가정이 타당한지 알아보기 위해서는 먼저 마약 복용이나 탐욕의 충족이 미 인식체계(섹스와 관련한 체계)와 연합하는 과정을 살펴볼 필요가 있다.

칼슨과 스위드(A. Calson & Swedes)라는 미국의 신경화학자들은 청반이라는 세포덩어리를 후뇌에서 발견했다. 청반은 노르에피네프린(노르아드레날린이라고 부르기도 함)을 함유한 뉴런들을 전뇌로 보낸다. 노르에피네프린은 뇌와 자율신경계의 교감신경 절후 세포에서 발견되는 신경전달물질이다. 전뇌에서 발견되는 모든 노르에피네프린은 전부 이곳, 청반에서 나오는 것이다.

우리의 뇌는 크게 전뇌, 중뇌, 후뇌로 구분할 수 있는데 전뇌에는 대뇌피질, 기저핵, 변연계, 시상, 시상하부가 포함되고 중뇌에는 중뇌개, 중뇌피개가, 후뇌에는 소뇌, 연수, 교가 포함되어 있다. 그림 37은 처음에 텅 빈 관처럼 생겼던 태아의 중추신경계가 점차 발달하여 전뇌, 중뇌, 후뇌로 분화 성장하는 과정을 보여준다.

청반은 스타인(L. Stein)이라는 미국의 심리학자가 쾌감통로라고 칭했던 곳과 매우 근접한 부위이기도 하다. 스타인은 이곳을 전기로 자극하면 쥐(인간도 마찬가지)가 쾌감에 휩싸여 배고픔이나 졸음을 잊게 된다고 한다. 자극된 부위에서 노르에피네프린이 방출되기 때문이다. 암페타민이나 코카인 같은 약물 역시 이

37
임신 초기 관 모양이었던 태아의 뇌가 점차 성장하며 전뇌와 중뇌 그리고 후뇌의 구분이 명확해져 맨 오른쪽 모양이 된다.

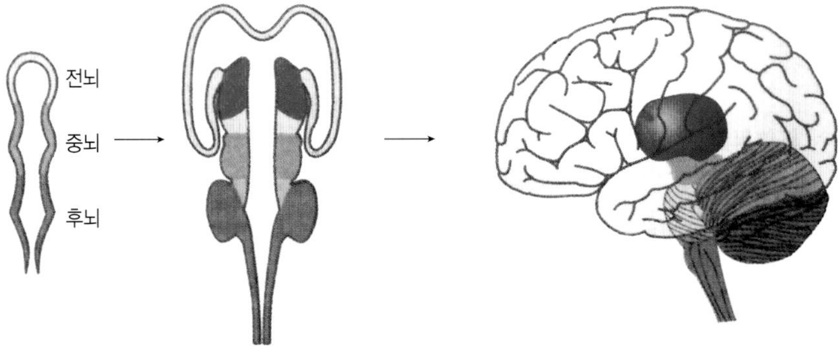

와 동일한 방식으로 작동하는 것으로 알려져 있다. 참고로 필로폰과 엑스터시는 암페타민에서 합성된 것이다.

그리고 이 청반은, 배링턴 핵(Barrington Nucleus)을 거쳐 항문까지 길게 뻗은 미주 세포(vague cell)를 통해 배설기관으로부터 신경신호를 받는 곳이기도 하다. 펜실베이니아 대학의 리타 발렌티노 교수에 따르면 전에는 배설 기능에만 관여하는 것으로 알려진 배링턴 핵에 있는 뉴런들은 CRF(뉴로펩타이드의 일종)를 함유하고 있으며 직장 근처까지 연결되어 있다고 한다. 이 길을 통해 생식기의 흥분이나 배변 욕구가 배링턴 핵으로 전달되고 그 다음 청반으로 전달된다.

앞서 말했듯 쾌감 통로의 핵심 부위인 청반은 노르에피네프린의 원천이며 이외에도 많은 내인성 마약 수용기가 있다고 한다.

너무 어려운 이야기가 계속되는 듯하다. 애초의 주제를 떠올리며 이야기를 조금 정리하자. 얼굴의 아름다움을 전담하여 인식하는 신경시스템이 존재할지 모른다는 이야기를 했다. 그리고 이 시스템이 예술의 아름다움과 관련이 있을 수 있으며 이에 대해 두 갈래로 설명할 수 있다고 했다. 그 가운데 두번째 가능성을 설명하며 미의 인식시스템이 예술감상과 관련이 있다고 했고, 그렇다면 어떤 방식으로 관여하는 것일까를 알아보기 위해 마약 복용이나 욕구의 충족이 미의 인식시스템과 연관되는 과정을 살펴보는 중이다. 지금까지는 뉴런들로 구성된 신경회로 중심으로 살펴보았다. 그러나 이것만으로는 충분하지 않다. 뉴런들 간의 대화는 신경과 신경을 이어주는 시냅스만을 통해 이루어지는 것이 아니기 때문이다.

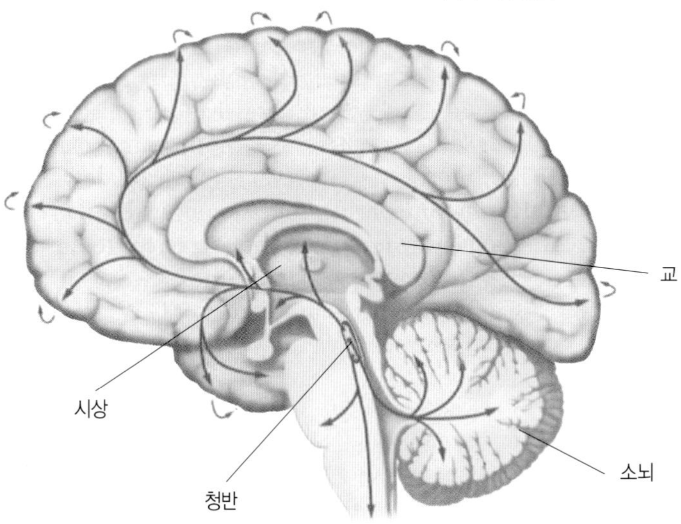

38
청반은 전뇌의 전 영역으로 노르에피네프린을 함유한 뉴런들을 분지하고 있다. 청반은 쾌감중추와 유사한 부위이며 노르에피네프린 이외에 많은 내인성 마약 물질이 발견되는 곳이다.

■■ 뉴런들의 대화

허켄햄(M. Herkenham) 같은 학자는 뉴런들 간의 커뮤니케이션은 불과 2퍼센트 정도만 시냅스를 통해 이루어지고 나머지는 혈액이나 뉴로글리아(Neuroglia: 뉴런들 사이를 채우고 있는 물질) 사이를 떠다니는 여러 신경전달물질을 통해 이루어진다는 극단적인 주장을 하기도 한다. 이런 신경전달물질들 가운데 뉴로펩타이드라는 것이 있다.

프로틴(단백질)은 아미노산으로 이루어진 것인데 프로틴보다 수가 적은 아미노산으로 이루어진 것을 펩타이드라고 한다. 펩타이드는 학자에 따라 신경전달물질의 하나로 보기도 하고 그렇지 않기도 하다. 신경전달물질은 뉴런과 뉴런 사이의 시냅스에서 이루어지는 전기화학적 신호전달에 사용되는 물질들을 말한다. 이 화학물질들이 한 뉴런에서 다른 인접한 뉴런으로 전달되어 뉴런 간 정보전달이 이루어진다.

신경전달물질, 스테로이드, 펩타이드는 모두 배위자(Ligand)라고 불리기도 한다. 이들은 뉴런 사이를 떠돌다 세포막에 있는 수용기의 틈에 끼이면 해당 뉴런

39
배설기관과 생식기는 미주 세포를 통해 배링턴 핵을 거쳐 청반으로 연결된다. 배링턴 핵에 어떤 물질이 감지되느냐에 따라 성적으로 흥분하는 것인지 아니면 배설욕구를 느끼는 것인지 결정된다.

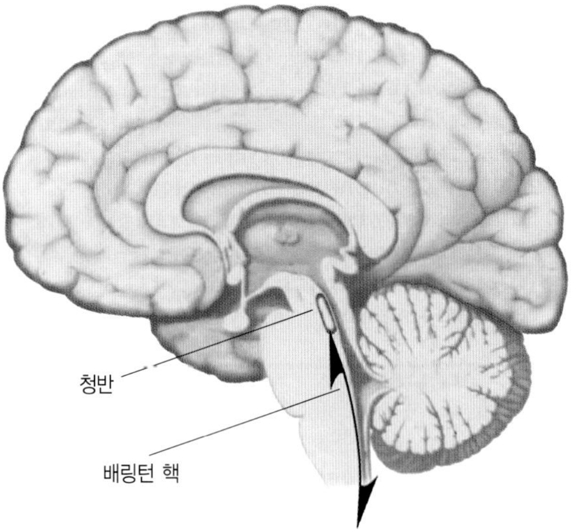

을 작동시킨다. 그림 40에서 보는 것처럼 배위자는 종류마다 각기 다른 수용기에만 들어맞도록 되어 있다. 수용기에 배위자가 들어오면, 수용기는 뉴런 내부의 전위에 변화를 준다. 또한 특정 물질만 세포막을 통과할 수 있도록 세포막에 변화를 일으킨다.

배위자의 약 95퍼센트는 펩타이드다. 펩타이드에는 여러 가지가 있지만 대표적인 것은 엔도르핀 같은 아편제(opioid: 신체 내부에서 만들어지는 일종의 마약)들이다. 신기한 것은 체외에서 인공적으로 만들어지는 코카인 같은 물질이 아편제 수용기에 들어맞아 작용한다는 것이다. 이 이야기는 다음 기회에 더 하기로 하자.

대뇌의 신경회로에는 여러 감각기에서 들어오는 감각 정보들이 수렴되는 일종의 매듭점(nodal point)들이 여럿 있다. 매듭점에는 여러 종류의 펩타이드 수용기들이 있어 거의 모든 펩타이드를 수용할 수 있다. 배링턴 핵도 그런 매듭점의 하나다. 그래서 성적 흥분을 전달하는 배위자나 변의를 전달하는 배위자가 모두 이곳에 수용될 수 있다. 그러므로 어떤 배위자가 배링턴 핵에 수용되느냐에 따라 성적 흥분이나 배변 욕구가 결정된다.

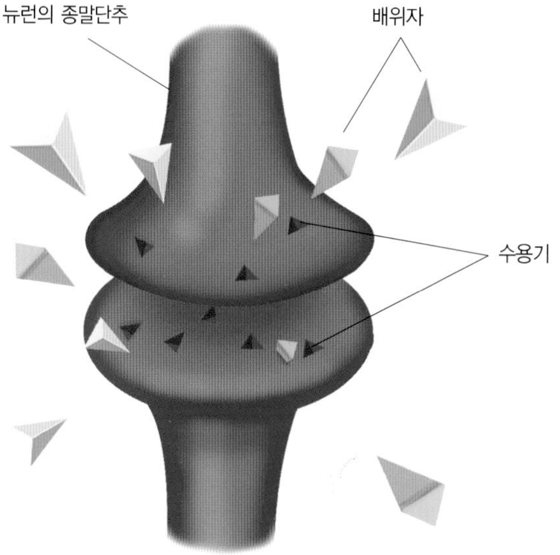

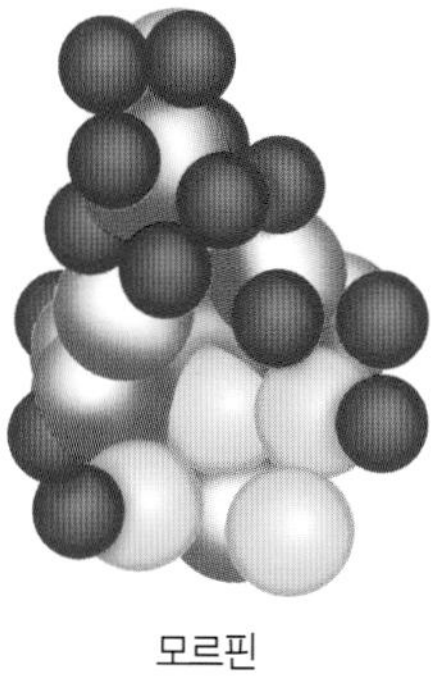

40
세포막에 분포한 수용기들의 반응을 그림처럼 비유할 수 있다. 큰 삼각형의 배위자는 넓은 수용기에만 작용할 수 있다. 어떤 부위에 특정 수용기가 있다는 것은 그 수용기에 맞는 배위자가 그곳에 방출된다는 이야기이다. 오른쪽은 펩타이드의 하나인 모르핀이다.

여기서 이야기를 한 번 더 정리하고 넘어가자. 얼굴 표정과 생김새의 아름다움을 자동으로 인식하는 것이 종족의 번식과 생존에 매우 중요하다는 이야기를 기억할 것이다. 그리고 얼굴의 아름다움을 처리하는 신경시스템이 존재한다는 이야기도 했고, 이 시스템이 욕구의 충족이나 성적 쾌감에도 관여하는 것과 유사하게 예술미의 인식에도 관여할 가능성이 있다고 했다.

■■ 사랑 시스템과 '러닝 하이' 효과

이야기가 조금씩 좁혀져간다. 우리의 정서를 처리하는 시스템은 크게 부정적인 정서를 처리하는 기제와 긍정적인 정서를 처리하는 기제로 구분할 수 있다. 부정적인 정서 처리기제는 공포기제 혹은 회피기제라 하기도 하는데 공포나 분노 등의 정서를 처리한다.

공포나 분노는 우리의 안전을 위협하는 상황에 대한 내적 반응이며 이런 상황 정보를 처리하는 공포기제는 정보를 매우 신속하게 처리해야 한다. 그래서인지 공포기제에서 뉴런들 간의 커뮤니케이션은 시냅스에 많이 의존한다. 다시 말해 배선에 의해 접속되어 있다(hard-wired)는 말이다.

긍정적인 정서를 처리하는 기제는 사랑기제 혹은 접근기제라고 불리기도 한다. 이 기제에서 처리하는 정보들은 대개 배우자의 선택과 짝짓기, 자식의 양육과 관련된 것들이다. 이런 종류의 정보들은 공포기제처럼 신속성이 중요하지는 않다. 우리가 그 동안 논의해온, 얼굴의 아름다움을 인식하는 시스템도 크게 보면 사랑기제에 속한 것으로 보이며 이 기제에서는 뉴런들 간의 커뮤니케이션이 배위자와 같은 화학물질에 의존할 가능성이 크다.

사랑기제가 화학물질 의존적이라면 몇 가지 일상의 경험들이 이를 토대로 설명될 수 있다. 예컨대 러닝 하이(running high) 효과라는 것이 있다. 마라톤 중독이라는 말이 있을 정도로 달릴 때의 고통 뒤에 따르는 쾌감이 상당한 것 같다. 우리 몸은 고통스러운 상황을 이겨내기 위해 몸에서 진통효과를 주는 물질(opioid)들을 방출한다. 이 화학물질들은 뉴런들 사이를 이동하며 고통을 완화시켜주지만 고통의 원인이 사라졌을 때 신속하게 재흡수되지 않는다. 일시적으로 뉴런들 간의 화학적 균형이 깨어지고 아편제들이 과다한 상태가 된다. 마약물질이 과다한 상태가 되니 쾌감을 느끼는 것은 당연하다.

'러닝 하이' 효과를 신경심리학적으로 설명하면 위와 같지만 심리적 경험이라는 차원에서 설명하면 힘든 일을 하는 동안의 각성 상태와 힘든 일이 끝났을 때의 심리적 이완 상태가 행복감을 준다고 이야기할 수 있다.

예술감상에서도 이와 같이 유추할 수 있다. 베토벤의 〈합창〉 교향곡이 클라이맥스를 향한다. 음이 점점 격렬해지고 리듬은 빨라진다. 절정에 도달할 무렵 음의 높이는 최고조에 달한다. 우리 몸도 이에 반응하는데 심장박동이 빨라지고 오감은 최고로 민감한 상태에 있게 된다. 각성수준이 높아졌다고 할 수 있는 상태다.

클라이맥스가 계속된다면 민감해질 대로 민감해진 청각은 완전히 연소되어버릴 것 같다. 청각이 계속 감당하기에는 너무 자극적이기 때문이다. 그러나 다행히 클라이맥스는 오래가지 않고 음은 점차 낮아지며 박자도 평상시 상태로 돌아온다. 우리의 감각도 조금씩 안정된 상태로 돌아온다. 마치 마라톤이 끝난 뒤 심장이 터질 듯 가쁜 숨을 몰아쉴 때처럼.

고통스러운 마라톤이 끝난 후 뇌에서 아편제가 넘쳐나듯이 클라이맥스에서 최고조에 도달했던 뇌의 각성수준이 낮아지면 일시적으로 아편제 과잉 상태가 될 것이고 이때 즐거움을 느끼는 것일 수 있다. 예술감상을 통해 경험하는 아름다움이라는 내적 경험도 이와 유사한 원리로 작동하는 것이 아닐까?

가장 먼저 이런 추론을 했던 사람은 벌린(D. Berlyn)이다. 물론 아편제까지 거론하며 이런 추론을 한 것은 아니다. 아편제의 존재가 밝혀진 것은 최근 일로 퍼트 여사의 공이 크다. 벌린은 예술감상이 주는 즐거움의 비밀은 작품을 감상할 때 경험하는 각성수준의 증가와 뒤이은 감소의 과정에 있다고 했다. 벌린은 망상체라는 중뇌의 한 부위가 각성수준을 관장하며, 이 망상체 주변의 어느 한 부위를 전기로 자극했을 때 쥐가 쾌감을 느낀다는 올즈와 밀너(Olds & Milner)의 관

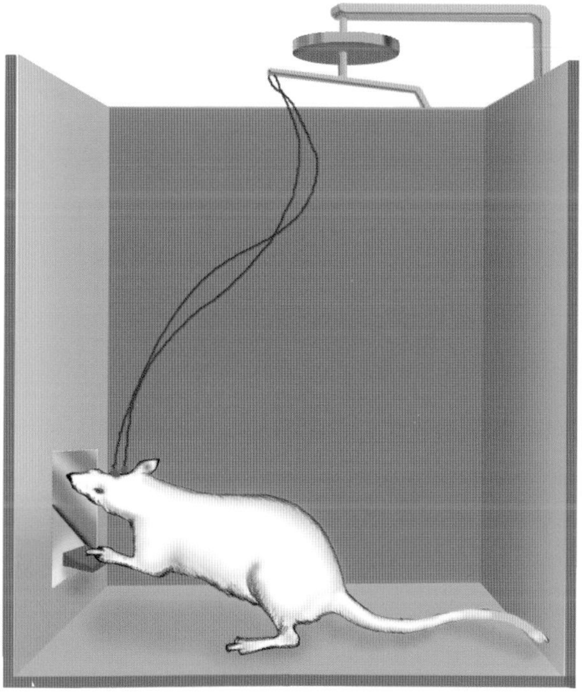

41
올즈와 밀너의 실험. 레버를 누르면 먹이가 나오는 것을 학습하는 과정에서 각성의 역할을 파악하기 위한 실험이다. 그러나 쥐는 단순히 뇌에 가해지는 전기적 충격을 즐기기 위해 레버를 눌렀을 뿐이다.

찰이 세간의 주목을 끌고 있을 때 이런 생각을 했다. 당시 많은 부위가 발견되었는데 여기에는 변연계의 중격핵(septic nucleus)이 포함되어 있었다. 히스라는 외과의사에 의해 인체에서도 비슷한 부위가 발견되었다. 그는 정신분열증을 앓는 여환자의 변연계에 있는 중격에 아세틸콜린을 투여하거나 전기적 자극을 줌으로써 강한 오르가슴을 경험하게 했다. 이들의 연구를 통해 성적 반응을 이끌어내는 기관은 시상, 중격, 시삭전야(preoptic area)로 이루어진 것으로 보인다. 이 기관들은 모두 시상하부 내에 있는 내측전뇌속(medial forebrain bundle)으로 수렴된다.

내측전뇌속은 전뇌와 척수를 연결하는 통로다. 이 통로가 시작되는 전뇌 쪽 부위인 시상하부를 자극하면 척수에 있는 복측피개영역을 자극한다. 복측피개영역에는 도파민을 분비하는 뉴런이 있으며 전뇌의 여러 부위로 분지한다. 복측피개영역이 도파민을 방출하는 전뇌 부위 중에는 앞서 소개한 측핵이 있다. 이 측핵은 각성에 중요한 역할을 하는 것으로 알려져 있다. 이상의 내용을 요약한 것이 그림 42이다.

쾌감에 관여하는 신경기제와 도파민의 역할에 대해서는 아직도 논란의 여지가 많다. 주된 비판은 도파민은 음식이나 성적 파트너를 갈구하는 예측행위와 더 밀접하지 먹기나 성행위 같은 소비행위와는 무관하다는 것이다. 음식이나 성적 파트너를 갈구하는 결핍 상태는 불쾌한 법이다. 그리고 도파민은 예측단계에서 나오지 소비하는 동안에 나오지 않는다는 것이다.

■■ 회화에서 느끼는 아름다움과 쾌감

벌린이 처음 각성이론을 내놓을 때에는 아직 이 정도까지 밝혀지지는 않은 상태였다. 쾌감과 각성 상태가 관련이 있으며, 변연계의 중격 부위가 각성과 관련이 있다는 정도였다. 하지만 이와 비슷한 맥락에서 처음에는 각성수준의 적당한 증가가, 후에는 각성수준의 증가와 뒤이은 감소가 쾌감의 원천이라는 생각을 내

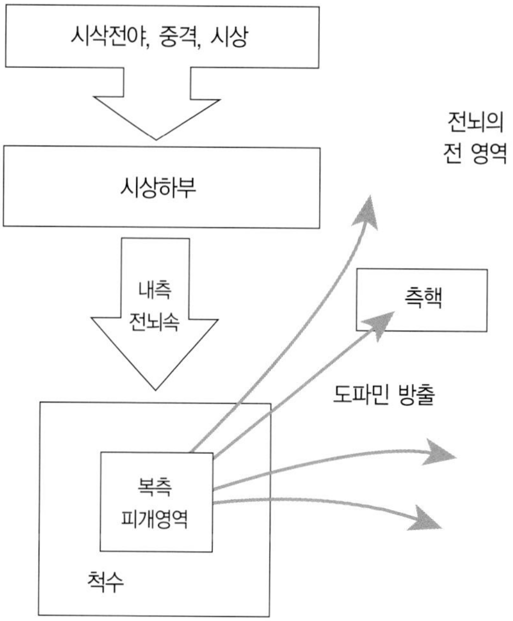

42
보상기제의 작동과정을 보여 주는 흐름도.

놓았다. 더불어 각성수준의 증가와 감소를 야기하는 예술작품의 요소들을 조합변인이라는 개념으로 묶어 설명한다.

조합변인이란 둘 이상의 자극이 지각될 때 두 자극 사이의 차이가 주는 각성효과를 설명하기 위해 개발된 개념이다. 예컨대 음악이 조용히 흐르다 갑자기 소리가 커진다면 조용한 소리와 큰 소리의 차이가 각성수준을 증가시킨다. 반대로 큰 소리가 들리다 갑자기 작아지는 경우도 마찬가지일 것이다. 그림 속에도 조합변인이 있다. 그러나 그 각성효과는 음악에서처럼 강렬하거나 선명하지 않다. 미술작품이 주는 감흥은 음악과 사뭇 달라 강렬하지는 않지만 오래 지속되는 것 같다.

조합변인의 유형 가운데 'Novelty'라는 게 있다. 우리말로는 진기함, 새로움 등으로 번역할 수 있다. 유화작품의 한 부분이 유화물감이 아닌 반짝이는 금속으로 처리되어 있다고 하자. 유화물감 특유의 기름지고 두터운 터치의 표면과 반짝반짝하고 차가운 금속이 주는 대비는 기이한 느낌을 줄 것이고 그 느낌만큼 각성

효과는 커질 것이다. 그러나 이 기법에 곧 익숙해지면 증가된 각성수준은 평상시로 되돌아온다. 필자가 대표적인 사례로 자주 인용하는 것이 클림트의 「포옹」이라는 작품이다.

그림 43에서 소용돌이 문양은 금분을 칠한 부분이다. 클림트는 일본 전통회화에 자주 사용되는 금분에 매료되어 이를 자기 작품에 자주 사용했다.

벌린의 각성이론은 예술작품의 다양한 아름다움을 충분히 설명하기에는 턱없이 미흡한 것이다. 그중 몇 가지는 크라이틀러가 이야기하는 긴장-이완이론에 의해 해결된다. 긴장-이완 모형은 큰 맥락에서는 각성이론과 다르지 않다. 각성이 심리적 긴장으로 대치되어 있을 뿐이므로 여기서 자세히 소개하지는 않겠다. 하여튼 예술의 즐거움 혹은 아름다움은 각성 때문이건 다른 무엇 때문이건 러브시스템의 쾌감 통로(청반, 배링턴 핵 혹은 측핵)에서 방출되는 오피오이드가 만들어낸 내적 경험으로 생각해볼 가치는 충분하다.

인류 역사의 장구함에 비해 예술의 역사는 매우 짧다. 그 짧은 역사 속에서, 혹은 그 짧은 역사를 위해 우리의 뇌가 별도의 기제를 진화시켜왔을 가능성은 거의 없다. 많은 미술심리학자들이 예술의 아름다움은 환경에 적응하기 위해 진화시켜온 어떤 정보처리기제, 다시 말해 사랑기제의 부대효과일 거라고 추정하는 이유도 이 때문이다.

이 글에서는 예술작품이 쾌감중추를 자극하는 방식을 두 갈래로 나누어 생각해왔다. 한 갈래는 아름다운 얼굴(번식과 양육에 유리한 특징을 반영하는 얼굴)을 처리하는 기제가 있고, 이 기제를 자극하는 무엇인가를 (예컨대 균형) 예술작품이 갖고 있을 때, 우리는 아름다움을 느끼게 된다는 것이다. 물론 이 아름다움이란, 심리학적으로는 즐거움일 테고 신경화학적으로는 오피오이드의 방출을 의미한다.

다른 한 갈래는, 조금 전까지 약간 장황하게 설명했던 어떤 이유로(각성이건 그 무엇이건) 뇌에 오피오이드들을 일시적인 과잉 상태로 만드는 예술작품에서 아름다움을 느낀다는 것이다. 이 두 갈래는 서로 배타적인 것이 아니라 상호작용할 것이다. 이것 말고도 다른 여러 방식으로 우리의 사랑기제는 자극될 것이고 그것

43
구스타브 클림트, 「포옹」, 1905~09. 클림트는 일본의 전통적인 금분의 색감에 매료되었다. 검게 보이는 둥근 소용돌이 문양은 원화로 보면 금색으로, 유화의 텁텁한 느낌과 단단하고 반짝이는 금속성 질감의 대비가 매우 독특하다.

들이 우리가 경험하는 다양한 예술감상의 즐거움을 구성하고 있을 것이다.

이러한 추론은 아름다움이라는 복잡다단한 효과를 설명하기에는 아직 미흡하고 비약도 많다. 그러나 그 비약을 메워줄 여러 신경생리학적·화학적 발견들이 계속될 것이다. 아름다움을 과학적으로 규명할 날도 그만큼 가까워지고 있는 것이다.

5

얼굴을 보는 두 가지 방식

저 멀리서 한 무리의 학생들이 나를 보고 갑자기 강의동으로 몰려든다. 급한 일로 시간을 지체해 강의 시간을 맞추느라 허겁지겁 달려오는 나를 보자, 혹시 휴강이 아닐까 기대했던 녀석들은 실망하며 강의실로 들어가는 중일 것이다. 별거 아닌 일처럼 보이지만 가만히 생각해보면 참으로 신기한 일이다. 학생들과 나와의 거리는 거의 50미터가량, 상당한 거리인데 녀석들은 어떻게 나를 알아본 것일까? 그 정도 거리면 내 얼굴의 세세한 특징들, 즉 코나 눈, 눈썹 모양 따위는 거의 보이지 않을 것이다.

녀석들은 무언가 다른 특징들을 보고 나를 알아본 게 틀림없다. 그게 뭘까? 아마 이 특징들이 살아 있는 한 웬만한 성형수술로는 내 정체를 숨기기 힘들 것이다. 그러고 보니 얼마전 만난 여자 후배가 속상해하며 한 말이 생각났다. 쌍꺼풀 수술을 하고 체중도 10킬로그램 정도 줄였는데 고교 동창이 자신을 알아보더라는 거였다. 이 사례 역시 바로 '무언가 다른' 특징 때문일 것 같다.

이를 설명하기 위해서는 좌뇌, 우뇌를 이야기할 때 잠시 언급했던 공간빈도 이야기를 좀더 자세히 해야 한다. 우리 눈에 들어오는 모든 이미지는 아무리 밝기변화가 복잡하고 정교할지라도 몇 수준으로 분해된다. 이 수준들은 밝기분포가 아주 세밀한 것에서 흐릿하지만 전체적인 구조를 쉽게 알 수 있는 것에 이르기까지 여럿 있고 어느 정도 서로 독립적인 것으로 알려져 있다.

이해하기 조금 어려울지 모르겠다. 밝기분포라는 말부터 그런데, 이를 사인곡선으로 생각하면 이해하기 쉽다. 아래 그림을 보자. 왼쪽 위에 있는 것처럼 밝기변화가 복잡한 이미지가 있다고 하자. 그 이미지의 밝기분포는 그 옆 그림과 같은 패턴으로 표현될 수 있다. 이 복잡한 패턴은 아래에 있는 두 개의 단순한 사인곡선으로 분해된다. 그리고 분해된 단순한 두 사인곡선의 골과 메는 서로 겹친다. 두 사인곡선을 합칠 때 골과 골이 겹치면 그 골은 더 깊어지고 메와 메가 겹치면 더 높아진다. 그래서 아래의 단순한 사인곡선이 겹치면 상단에 있는 것과

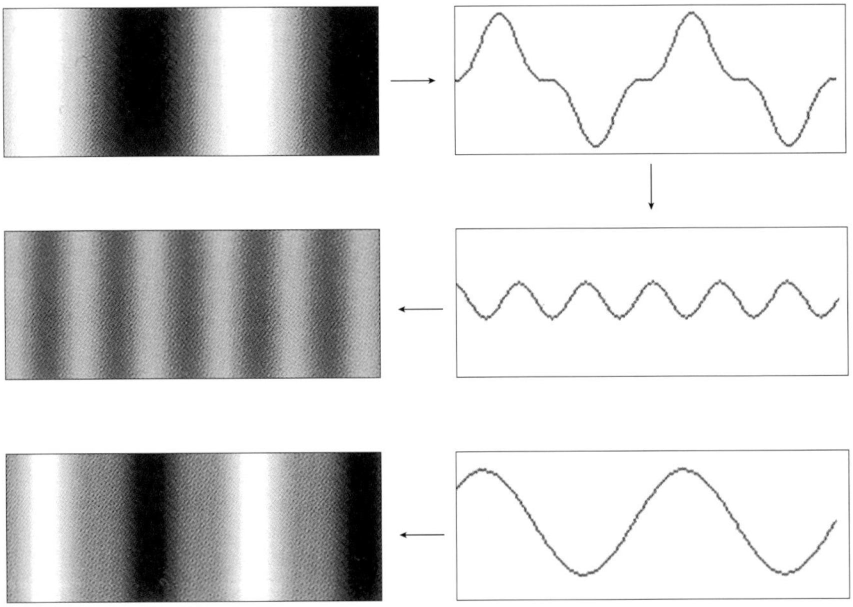

44
프랑스의 수학자 푸리에는 어떤 복잡한 파장도 간단한 사인곡선의 합으로 기술될 수 있다고 했다. 예컨대 밝기변화가 다양한 패턴은 오른쪽에서 보는 것과 같은 강도의 사인곡선파로 기술될 수 있다. 이 곡선파는 아래 있는 것과 같은 더 단순한 사인곡선파들로 분해할 수 있다. 분해된 두 곡선파 가운데 위의 것은 아래에 있는 것보다 빈도는 3배가량 되지만 크기는 1/3 정도 된다. 이 분해된 곡선을 밝기 패턴으로 표현하면 왼쪽 하단의 그림과 같다.

같은 패턴이 된다. 물론 골과 골, 메와 메가 겹치지 않는다면 다른 패턴이 생겨날 것이다. 그러니까 어떤 복잡한 시각상이라도 이 그림에서 보는 것처럼 곡선 패턴이 큰 것에서 작은 것까지 여러 수준으로 분해되어 처리된다는 말이다.

이렇게 수학적으로 멋지게 설명한 사람은 프랑스의 수학자인 푸리에(J. Fourier)였다. 우리는 이 비유에 걸맞은 일을 수용장(receptive field)이라는 시각 정보처리 기제 덕분에 해낼 수 있다. 망막에서 대뇌 시각피질에 이르는 시각통로에는 여러 개의 관문이 있고 그 관문들에는 크기가 다른 수용장들이 있다. 이 수용장의 크기가 상대적으로 큰 것들은 앞 그림 하단에서 보는 것처럼 저공간빈도의 정보들을 추출하고 수용장의 크기가 작은 것들은 중앙에 있는 것처럼 미세한 밝기변화에 관한 정보들을 추출해낸다.

수용장의 크기가 어떻게 서로 다른 공간빈도의 밝기 정보를 추출해내는지 보여주는 게 그림 45이다. 이 그림은 조지슨이 만든 것을 필자가 배치만 조금 바꾼 것이다. 아인슈타인의 얼굴 오른쪽 아래에 있는 뿌옇고 둥그스름한 것은 수용장이다. 반경이 큰 수용장은 그만큼 뿌옇고 전체적인 밝기변화 정보를 추출한다.

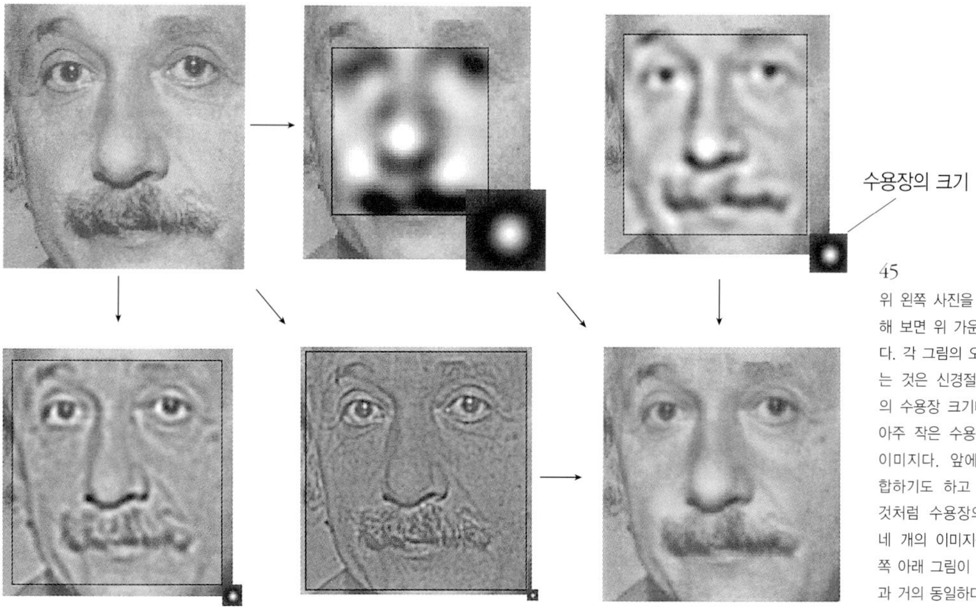

45
위 왼쪽 사진을 큰 수용장을 통해 보면 위 가운데 그림처럼 된다. 각 그림의 오른쪽 아래에 있는 것은 신경절에 있는 세포들의 수용장 크기다. 아래 중앙은 아주 작은 수용장들을 통해 본 이미지다. 앞에서 사인곡선을 합하기도 하고 분해하기도 한 것처럼 수용장의 크기에 따라 네 개의 이미지를 합하면 오른쪽 아래 그림이 된다. 원래 그림과 거의 동일하다.

반면 작은 것은 미세한 밝기변화에 관한 정보를 추출해낸다. 이렇게 추출된 여러 공간빈도의 정보들을, 앞서 사인곡선에서 했듯이 모두 합치면 오른쪽 아래에 있는 것과 같은 이미지가 된다. 왼쪽 위에 있는 원래 이미지와 거의 차이가 없음을 알 수 있다.

■■ 저공간빈도 정보를 통한 얼굴인식

이렇게 상이한 공간빈도로 이미지를 분해해서 처리하면 두 가지 이점이 있다. 하나는 사물의 모서리를 찾아내는 데 도움이 된다는 것이다. 사물의 표면에서 급격한 밝기변화가 있는 곳은 모서리인 경우가 많지만 반드시 그런 것은 아니다. 그래서 어떤 곳은 모서리에 해당되고 어떤 곳은 그렇지 않다는 것을 파악할 수 있는 준거가 필요하다. 고공간빈도 정보처리 통로는 미세한 모서리들을 처리할 수 있고 저공간빈도 정보처리 통로는 조금 뭉개져서 흐릿한 모서리들을 찾아낸다. 이 둘을 참조하면 어떤 모서리는 사물의 윤곽에 해당되고 어떤 것은 작은 주름에 해당하는지 알 수 있고 더불어 표면의 굴곡도 파악할 수 있다.

여기서 공간빈도를 이야기하는 것은 얼굴지각 때문이다. 이제 이야기를 좁혀 이런 상이한 공간빈도 처리 통로가 얼굴지각에 어떤 의미가 있는지 살펴보자. 그림 46 역시 니콜라스 웨이드가 '대비 민감도'를 설명하기 위해 만든 그림을 필자가 수정한 것이다. 무언가 사람의 얼굴이 보이는 것 같지만 선명하지는 않을 것이다. 그러나 점차 그림에서 멀어지면 수직선들은 얼굴지각을 방해하는 노이즈가 되어버리고 저공간빈도의 웃고 있는 필자의 모습이 선명해지기 시작할 것이다. 여기서 저공간빈도 정보가 얼굴지각에서 얼마나 중요한 역할을 하는지 알 수 있다.

먼 거리에서 학생들이 필자를 알아본 비결은 바로 필자 얼굴의 저공간빈도 정보 때문인 것이다. 살바도르 달리의 「지중해를 바라보는 갈라」(1976)라는 그림에서도 비슷한 경험을 할 수 있다.

46
저공간빈도의 얼굴 이미지와 격자무늬가 겹쳐 있다. 가까이에서 보면 선명한(고공간빈도의) 수직선들이 엷게 처리된 저공간빈도의 얼굴 인식을 방해한다. 그러나 멀리서 볼수록 선명한 수직선들은 망막 상에서 크기가 작아지며 노이즈가 되어버린다. 그러면 흐릿한 인물상이 선명해지기 시작한다.

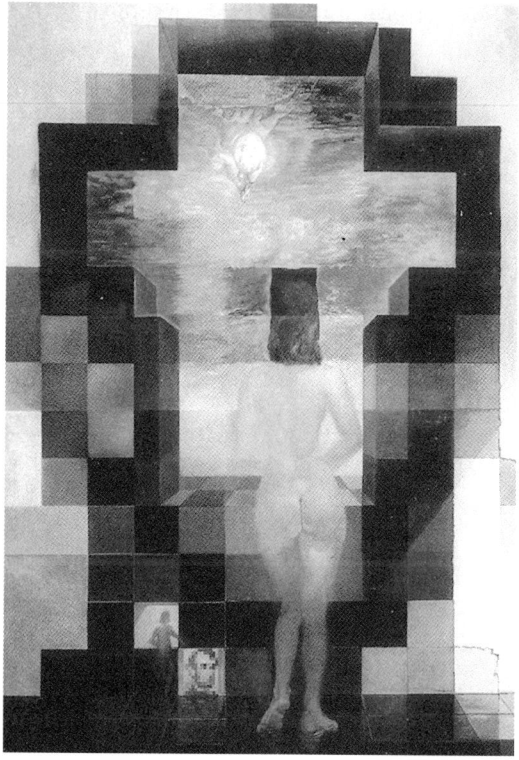

47
살바도르 달리, 「지중해를 바라보는 갈라」, 1976. 가까이에서 보면 벗은 갈라의 뒷모습만 보인다. 그러나 물러나서 보면 링컨의 얼굴이 두드러진다.

가까이에서 바라보면 다양한 밝기의 회색 사각형들과 그림 전면 중앙에 있는 갈라의 뒷모습이 보일 뿐이다. 그러나 뒤로 물러서면 점차 그림의 전체적인 밝기가 변한다. 다시 말해 저공간빈도의 정보들이 고공간빈도화한다. 망막 상에서의 상대적 크기가 점차 줄어들기 때문이다. 그러면 갈라의 뒷모습과 반대로 화면을 가득 채운 선명한 윤곽의 사각형들, 다시 말해 사각형의 고공간빈도 윤곽은 뒤로 물러설수록 뭉개져 보이게 된다. 저공간빈도의 링컨 얼굴 지각을 방해하던 고공간빈도의 정보들이 사라지는 셈이다. 그림 46에서 얼굴지각을 가로막던 선명한 수직선들이 사라진 것처럼.

■■ 멀어야 보이는 것들

얼굴지각에는 왜 이렇게 저공간빈도의 거친 정보가 중요할까? 이유 가운데 하나는 저공간빈도의 정보가 얼굴의 3차원 표상을 위해 필요한 음영정보를 담고 있기 때문이다. 저공간빈도 정보가 3차원 표상에 매우 중요하다는 것은 일상에서 쉽게 관찰할 수 있다. 여름철이 되면 속옷을 제대로 안 입고 외출하는 사람들을 본다. 가끔 보기 민망할 때가 있는데 정작 본인은 모르는 것 같다. 아마 외출 전 집에서 거울을 볼 때에는 표가 안 나기 때문일 것이다. 거울을 통해 근거리에서 옷맵시를 볼 때는 옷의 무늬 같은 고공간빈도의 시각정보들이 신체의 굴곡 같은 저공간빈도 정보의 지각을 방해하기 때문이다. 그러나 거리로 나오면 사정이 달라진다. 거울 앞과 달리 적어도 몇 미터 밖에서 바라보는 행인들은 세밀하지는 않지만 전체적인 음영정보(저공간빈도 정보)를 통해 쉽사리 입을 것을 안 입었다는 사실을 알 수 있다.

얼굴지각에 저공간빈도의 정보가 중요한 또다른 이유가 있는데 그것은 생물학적인 것이다. 문명이 시작되기 전 거친 야생의 세계에서는 같은 인류라도 다른 종족이면 위험한 포식자와 다를 바 없었을 것이다. 이런 상황에서 자기에게 다가오는 타인이 누구인지, 어떤 표정으로 다가오는지를 신속히 아는 것은 매우 중요하다. 그리고 먼 거리에서 우리가 얻을 수 있는 시각정보는 흐릿하고 전체적인 것이지 세밀한 고공간빈도 정보는 아닐 것이다.

이 글 서두에 소개한 에피소드에는 지금까지 한 이야기 외에 주목해야 할 것이 한 가지 더 있다. 우리는 지금까지 그 먼 거리에서 어떻게 나를 알아볼 수 있었을까에만 주목했다. 그러나 희한한 일은 이것만이 아니다. 필자를 멀리서 알아보기 위해서는 필자의 얼굴을 지각하는 것 못지않게 지각된 얼굴을 대조할 데이터가 머릿속에 기억되어 있어야 한다. 그러나 이런 일이 그리 간단치는 않다.

여러분은 대부분 이메일로 여러 데이터를 주고받을 것이다. 아마 그림 파일의 용량이 너무 커 애먹은 경험이 한두 번은 있을 것이다. 아무리 작은 그림이라고 해도 그 용량은 텍스트 파일과는 비교할 수 없을 정도로 크다. 시지각에서도 마찬가지다. 얼굴 하나만 해도 그 정보량은 어마어마하다. 학생들은 그 엄청난 양의 정보를 어떻게 기억하고 나를 알아볼 수 있었을까.

와트(R. Watt)는 저공간빈도 정보를 바코드에 비유했다. 상품포장지에 인쇄되어 계산대에서 레이저로 판독하는 그 바코드 말이다. 얘기인즉 이렇다. 우리는 얼굴 정보를 처리할 때 멀리서 보건 가까이서 보건 달라지지 않는 정보를 부호화하는 것 같다. 거리가 바뀌어도 변하지 않고 신속하고 효율적으로 처리할 수 있는 정보란 얼굴 굴곡에 따라 서로 다른 음영일 가능성이 높다. 이러한 음영정보의 패턴이 얼마나 단순화될 수 있으며 이것이 특정인의 사인이 될 수 있다는 걸 보여주는 것이 그림 48이다.

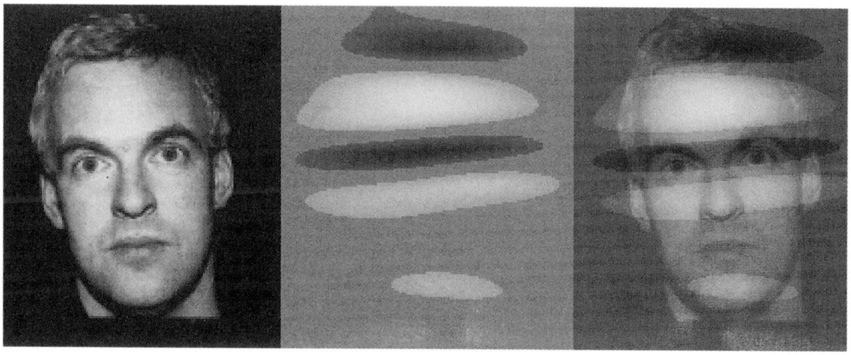

48
가운데 사진은 수평 방향의 필터로 왼쪽 사진을 변형한 것이다. 밝고 어두운 가로줄은 어두운 머리카락, 밝은 이마, 어두운 눈 등과 대응된다. 이와 같은 밝기패턴은 얼굴에 대한 일종의 바코드와 같아 기억하기 쉽다.

여기서 보듯 왼쪽 얼굴의 저공간빈도 정보에는 가운데에서 보듯 음과 영의 가로줄로 구성된 패턴 정보가 담겨 있다. 마치 바코드 같다. 이런 생각을 와트가 코믹하게 표현한 것이 그림 49 「빌 포시의 초상」이다.

지금으로부터 십수년 전으로 기억한다. 군사독재의 서슬이 시퍼렇던 시절이었는데 민중미술화가 두 명이 그림의 내용 때문에 소위 남영동에 끌려가 고문을 당하고 나왔다. 이 화가들은 분한 마음에 자신들을 고문한 경찰들을 고소하고 싶었지만 그들의 이름 석자도 알 수 없으니 어찌해볼 도리가 없는 상황이었다. 그러나 이 화가들은 자신들의 특기를 발휘하여 두 고문경찰의 얼굴 초상화를 그려냈는데, 실제 고문경찰의 모습과 꽤 닮아 실체조차 불분명했던 경찰을 법정으로 끌

49
얼굴의 바코드 사인은 이 그림처럼 개인마다 조금씩 다를 것이다.

어낼 수 있었다고 한다.

필자는 당시 그 기사를 읽고 화가들의 대단한 기억력, 그리고 그림 실력에 놀라움을 금치 못했다. 그들이 경찰 얼굴의 수많은 정보들을 그렇게 잘 기억할 수 있었던 것은, 바코드로 비유했듯이 우리의 시각이 처리하는 저공간빈도의 정보 속에 이런 단순화된 음영의 패턴 정보가 포함되어 있기 때문이겠구나 하고 생각했다.

6

뉴런의 축복, 샤갈의 청색

미술을 공부하는 초년생들이 가끔 듣는, 너무나 자존심 상하는 질책 중 하나가 "너는 보고 베끼는 것도 못 하냐?"이다. 필자도 한두 번 그런 말을 들어본 적이 있다. 대개 두 가지 경우인데, 하나는 트레이싱지를 이용해 명화의 윤곽을 베낄 때이다. 이 일이 쉽지 않은 것은 화가들이 사용하는 스푸마토라는 기법 때문이다. 레오나르도 다빈치가 즐겨 사용한 기법인데, 사물의 윤곽을 모호하게 처리하는 것이다. 예컨대 모나리자의 얼굴 윤곽을 따라 그리다보면 이마와 머리카락이 만나는 선이나 팔뚝과 옷이 구분되는 경계가 애매하다. 이런 부분은 추론할 수밖에 없어 그림을 그려본 경험에 따라 개인차가 크다.

또 한 가지 경우는 명화의 색채를 응용하려 할 때이다. 예컨대 색채의 마술사라 불리는 샤갈의 그림을 보고 멋진 청색을 흉내 내려 한다고 치자. 그 색감을 도저히 재현해낼 수가 없다. 선배 한 분은 그 색을 만들기 위해 청색 유화물감을 20여 가지나 구입했다고 한다. 그래도 실패했다. 원인을 모르면 자칫 자신의 재능을 탓하며 낙담할 수 있다.

50
마르크 샤갈, 「청색」, 1970. 청색 배경 곳곳에 밑색으로 칠해진 검정이 드러나 청색의 가현밝기를 높여주고 있다. 이 검정이 없었다면 왼쪽 파란 원이 보여주듯 평범한 청색일 뿐이다.

그러나 이는 재능 탓이 아니다. 이는 색감이 색채의 물리적 속성에 의해서만 결정되는 게 아니고, 일종의 심리적 인상이기 때문이다. 물리적으로 같은 색일지라도 주변 색이 달라지면 색감 역시 달라지는 것이어서 같은 색을 재현할 수 없었을 뿐이지 결코 재능 탓이 아니다.

■■ 청색의 비밀

초현실주의 화가 샤갈은 청색을 빼어나게 사용한 작가로 유명하다. 예컨대 「청색」이라는 그림을 보면 수채화처럼 맑으면서도 유화의 깊은 맛을 간직한 청색을 볼 수 있다. 그러나 이 색깔을 칠해보고 싶어 포토샵에서 적당한 청색 부위를 픽커로 집어보면 별것 아닌 평범한 청색임을 알 수 있다. 그렇다면 샤갈의 비결은 무엇일까.

다시 한번 샤갈의 그림을 자세히 보자. 샤갈은 청색을 군데군데 어둡게 처리하곤 했다. 검정을 사용한 경우도 적지 않다. 이렇게 어두운 색과 인접한 색채는 원래 밝기보다 더 환하게 보인다. 반대로 밝은 배경에 둘러싸인 색채는 더 어둡게 보인다.

왜 그럴까? 눈에서 대뇌 시각피질에 이르는 시각통로에 있는 뉴런들의 두 가지 특징 때문이다. 하나는 '측면억제(lateral inhibition)' 라는 뉴런 간의 상호작용이고 다른 하나는 뉴런이 갖고 있는 '수용장' 의 반응이다. 망막에서 대뇌 시각피질에 이르는 시각통로의 뉴런들은 상호작용하면서 시각정보를 전달하는데, 이 상호작용은 측면에 있는 뉴런의 활성화를 억제하는 방식으로 이루어진다. 그래서 이 상호작용을 '측면억제' 라고 한다.

예컨대 망막에 있는 감광세포는 빛의 강도를 감지하는 뉴런인데, 감지한 빛의 강도에 비례해 활성화된다. 또 일부 감광세포가 활성화할수록 측면에 있는 감광세포들의 활성화를 억제한다. 그림 51을 보면 쉽게 이해할 수 있다. 오른쪽 끝에 있는 뉴런들은 약한 빛을 받아 약하게 활성화되었고 따라서 측면에 있는 뉴런을

51
망막에 있는 감광세포들의 측면 억제작용. 화살표의 길이는 감광세포에 닿은 빛의 강도를 말한다. 옆으로 향한 작은 화살표들의 선명도는 측면억제의 강도를 뜻하는 것이다. 강한 빛에 반응하는 감광세포들의 측면억제는 약한 빛에 반응하는 감광세포에 비해 더 강하다.

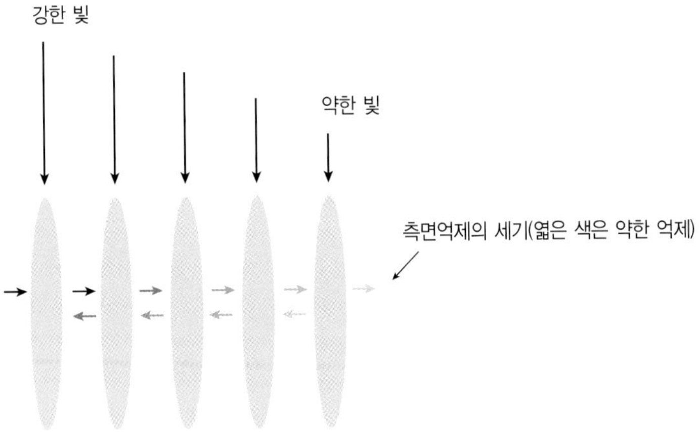

52
물리적으로는 규칙적으로 서서히 변해가는 계조이지만 화살표를 한 두 곳에서 점진적 변화가 역전된 듯한 띠가 보인다. 이것은 감광세포에 닿은 빛의 강도와 측면억제의 강도가 역전되는 상황이 두 군데에서 발생하기 때문이다.

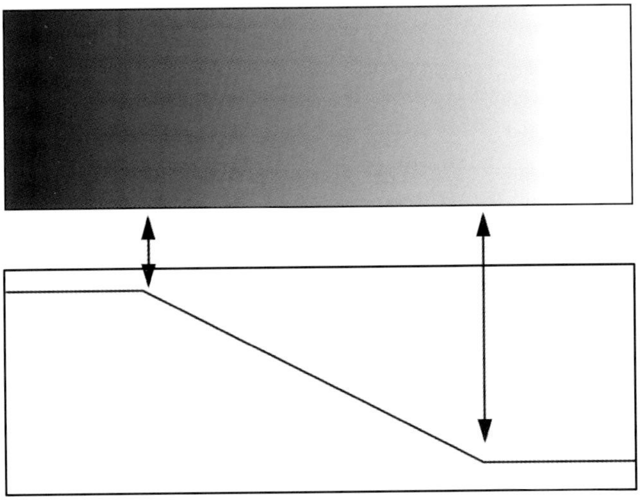

억제하는 정도도 약하다. 그러나 왼쪽 끝으로 갈수록 빛은 강해지고 그에 비례해 측면에 있는 뉴런에 대한 억제도 강해진다. 결국 빛의 강도에 의한 뉴런의 활성화 정도와 측면억제에 의한 억제의 정도가 역전되는 두 지점이 생긴다. 그중 어두운 쪽은 주변보다 더 어둡게 보이고 밝은 쪽은 더 밝게 보인다.

그림 52는 이를 보여준다. 이 그림의 왼쪽 검은색은 점진적으로 변해 오른쪽 끝에서는 흰색이 된다. 변화는 매우 점진적으로 이루어지지만 화살표를 한 두 지

53
측면억제의 작용으로 이 그림처럼 밝기대비가 큰 경계 부분의 어두운 쪽은 더 어둡게, 밝은 쪽은 더 밝게 지각된다.

점에서 변화의 방향이 역전되는 듯이 보인다. 이런 현상을 발견자의 이름을 따서 '마하밴드 효과(Mach Band Effect)' 라고 부른다.

이런 측면억제 작용을 통해 우리의 시각은 밝기변화가 급격한 곳을 강조해서 인식하게 된다. 그림 53을 보면 흰색과 검은색이 만나는 경계 부위에서 흰색 경계 부위 쪽을 담당하는 감광세포들은 검은색을 담당하는 비활성화된 뉴런들의 약한 억제를 받아 더 활성화된다. 반대로 검은색 경계 부위 쪽을 담당하는 감광세포들은 흰색 쪽 뉴런들로부터 강한 억제를 받게 돼 경계 부위의 흰 쪽은 더 밝게, 검은 쪽은 더 어둡게 보인다. 이런 작용은 시각정보처리 기제에 두 가지 이점을 준다.

첫째, 사물의 윤곽을 파악하기 쉽게 한다. 앞서 시각은 밝기변화가 급격한 곳을 강조한다고 했다. 대개 밝기변화가 급격한 곳은 사물의 윤곽 부분이다. 그러므로 이 부분이 강조되면 사물의 윤곽이나 모양을 파악하는 데 큰 도움이 된다.

둘째, 밝기변화가 적은 대상이라면 비록 밝더라도 측면억제에 의해 대상의 물리적 밝기가 규정하는 것보다 약하게 감광세포를 활성화시킨다. 쉽게 말해 뉴런들을 덜 피곤하게 한다는 말이다. 망막에 있는 감광세포들은 매우 민감하지만 그만큼 쉽게 피로를 느낀다. 사물의 윤곽 부위를 담당하는 뉴런들만 적극적으로 활성화하고 윤곽 안쪽의 밝기변화가 적은 부위를 담당하는 뉴런들에는 쉴 수 있는 여유를 주는 것이다. 이런 절약성은 시각을 포함한 모든 정보처리 기제의 기본적인 특성 가운데 하나다.

그렇다면 이런 측면억제가 어떻게 샤갈의 청색과 관련되는 걸까? 그림 54를

54
위아래 중앙의 작은 회색은 같은 밝기이지만 어두운 바탕에 있는 것이 더 밝아 보인다. 이 또한 측면억제의 작용이다.

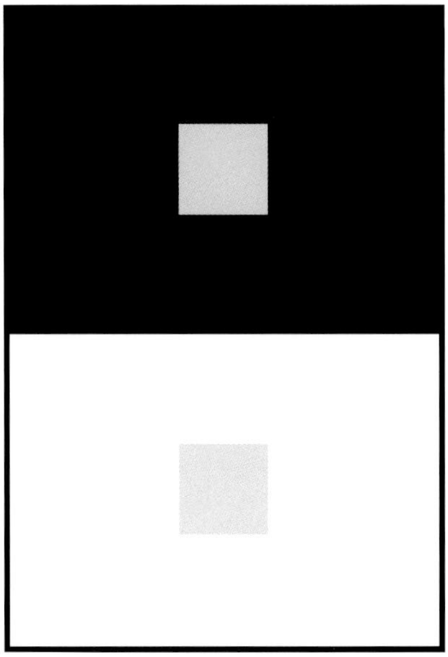

보자. 그림 54의 중앙에 있는 회색 사각형은 똑같은 색이다. 그러나 검은색 바탕에 있는 회색이 더 밝게 보인다. 바로 측면억제 때문이다. 검은색 바탕을 처리하는 감광세포들은 거의 활성화되지 않고 더불어 측면억제도 이루어지지 않는다. 덕분에 회색을 처리하는 주변의 감광세포들은 측면억제 없이 회색의 강도만큼 활성화하게 된다.

반면 흰색 배경의 회색을 처리하는 감광세포들은 흰색을 처리하는 감광세포들로부터 측면억제를 강하게 받고 그만큼 덜 활성화된다. 회색이 실제보다 어둡게 보이는 것이다. 샤갈의 그림에 있는 청색도 이와 마찬가지다. 청색 주위의 어두운 색들을 담당하는 감광세포들은 청색을 담당하는 감광세포들의 활성화를 거의 억제하지 않는다. 결과적으로 청색 부분은 실제보다 더 밝게 보인다. 대개 어떤 색의 물리적 밝기보다 더 밝게 보이면 그만큼 그 색은 맑은 느낌을 준다. 마치 밝은 빛이 투과되는 병 속의 파란 액체처럼 말이다.

55
데생에서 밝은 콧등이나 이마, 어두운 코밑이나 눈 그림자가 만나는 곳은, 밝은 쪽 경계 부위는 실제보다 더 밝게, 어두운 쪽 경계 부위는 더 어둡게 그린다. 이렇게 해야 입체감이 제대로 살아난다.

■■ 데생 기법으로 변한 마하밴드

측면억제와 관련한 기법은 또 있다. 그림 55에서 보듯이 화가들은 코나 턱, 옷주름처럼 밝은 면과 어두운 면이 만나는 곳은 어김없이 경계 부위를 중심으로 밝은 부위는 더 밝게, 어두운 부위는 더 어둡게 그린다. 이렇게 그려야 입체감이 제대로 산다. 측면억제 때문에 발생하는 시각적 효과를 인공적으로 과장해주는 것으로, 어찌 보면 망막의 감광세포들이 해야 할 일을 화가가 대신하거나 거들어주는 것처럼 볼 수도 있다. 일부러 이런 기법을 사용하지 않더라도 뉴런들이 알아서 할 텐데, 화가들이 이런 일을 하는 까닭은 뭘까? 그림에 부족한 깊이단서들을 보충해주는 효과가 있기 때문이 아닌가 싶다.

현실에서의 입체단서들은 크게 단안단서(한눈으로 보는 단서), 양안단서(양눈으로 보는 단서) 그리고 움직임 단서로 이루어져 있다. 그 가운데 그림에는 단안단서만을 담을 수밖에 없으니 깊이단서가 크게 부족할 수밖에 없다. 오히려 단안

56
표면결의 밀도변화 같은 단안단서는 표면결이 굵을 때에만 그림으로 표현할 수 있다. 그림에서 보는 작은 알갱이들의 밀도 변화도 웬만해서는 표현하기 쉽지 않다.

단서조차 경우에 따라 제대로 사용할 수 없는 경우도 있다. 단안단서들을 더 강조함으로써 이 부족함을 보충하는 게 아닐까?

■■ 채도를 높여주는 수용장의 작용

눈에서 뇌로 전달되는 시각통로에 있는 뉴런 '수용장'의 특성도 샤갈의 세련된 청색을 만드는 데 한몫한다. 그림 57에서 보는 망막에 있는 신경절 세포(ganglion cell)들은 그림 58에서 보는 것처럼 중심과 그것을 둘러싼 영역 간에 반응 특성이 다르다. 그림 57의 a는 중심 영역에 빛이 있다는 신호가, 둘러싼 영역에는 빛이 없다는 신호가 전달될 때 활성화되는 뉴런이다. 이런 수용장 특성을 갖는 뉴런들은 on-centered 뉴런이라고 부른다. b에서 보는 것처럼 반대 신호가

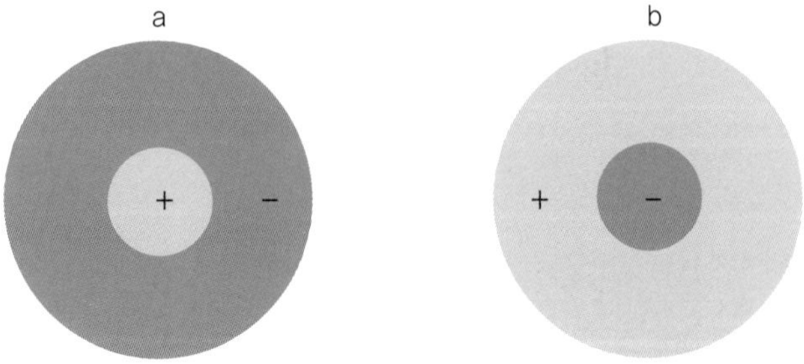

57
개념적으로 보면 신경절 세포들의 수용장은 이 그림과 같다. 짙은 색은 억제 영역이고 밝은 색은 흥분 영역이다. 좌측이 on-centered 뉴런이고 우측이 off-centered 뉴런이다.

전달될 때 흥분하는 뉴런들은 off-centered 뉴런이다. 다시 말해 on-centered 뉴런의 경우 그림 58과 같은 자극 정보가 주어지면 활성화된다. off-centered 뉴런은 그 반대다.

이 뉴런들의 활성화 정도는 중심 영역과 주변 영역의 활성화와 억제의 합에 의해 결정된다. 그림 58의 격자무늬를 보자. 격자가 교차하는 a 지점은 똑같은 흰색이지만 어두운 점이라도 드리운 것처럼 보인다. 이는 a와 b에 해당하는 뉴런들이 다르게 작용하기 때문이다. b 위치에 있는 뉴런의 주변 수용장은 중심 영역의 좌우 두 군데('-' 표시된 곳)의 흰색만큼 활성화가 억제되는 반면, a 위치에 있는 주변 수용장은 상하좌우 네 군데 흰색에 의해 b보다 더 활성화가 억제된다. 결과적으로 a의 뉴런이 b의 뉴런보다 활성화가 억제되는 것이다. 이런 상대적 차이 때문에 a 지점은 b 지점보다 어둡게 보이게 된다.

그러나 이런 현상은 흰색의 교차지점을 주목하고 있으면 보이지 않고, 주목하지 않는 주변의 교차지점에서만 발생한다. 망막의 중심와 부분에 있는 신경절 세포의 수용장은 크기가 작고 중심와에서 멀어질수록 커지기 때문이다. 수용장의 크기가 작은 중심와 부분에 흰색 교차점이 있을 때에는 여러 개의 수용장이 이 교차 부위를 담당하게 되며, 이런 경우 뉴런들 간 활성화의 상대적 차이가 별로 발생하지 않는다. 반면 주목하고 있지 않는, 그래서 망막 주변부에 상이 맺히는 교차점은 수용장이 큰 뉴런들이 처리하게 되고, 이런 경우 그림 58에서처럼 주변

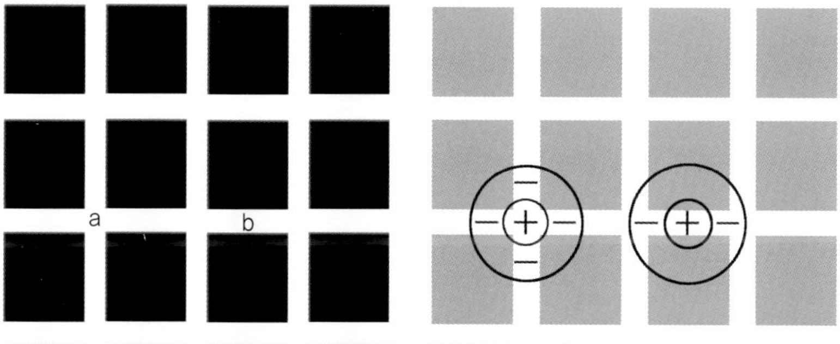

58
왼쪽은 허먼 그리드이다. 흰 가로선과 세로선이 교차하는 부위가 조금 더 어두워 보인다. 이는 오른쪽 그림에서 보듯 교차 부분을 처리하는 수용장의 억제 영역은 네 군데의 자극을 받지만 그렇지 않은 부분에서는 두 군데에서만 자극을 받기 때문이다. 다시 말해 교차 부분의 수용장이 더 강하게 억제된다는 뜻이다.

수용장이 억제된다. 이와 같은 현상을 발견한 사람의 이름을 따서 이런 격자무늬를 '허먼 그리드(Herman Grid)' 라고 한다.

지금까지 본 바와 같이 어떤 색채의 지각된 밝기는 주변색의 밝기의 영향을 받고 이는 뉴런 간의 활성화 억제 작용에 의해 이루어진다. 인접한 뉴런 간의 억제 작용은 색상을 지각하는 통로에서도 마찬가지로 발생한다.

그림 59를 보자. 빨강, 녹색, 노랑, 파랑 사각형의 가운데에 작은 회색 사각형이 있다. 이 회색 사각형은 크기와 색상이 모두 똑같다. 그러나 빨강으로 둘러싸인 회색은 약간 녹색조를 띤 것처럼 보이고, 녹색으로 둘러싸인 회색은 적색조를 띤 것으로 보인다. 마찬가지로 파란색에 둘러싸인 회색은 노란 색조를, 노란색에 둘러싸인 회색은 파란 색조를 띠고 있다.

이 현상을 이해하자면 먼저 파란색과 노란색, 빨간색과 녹색은 서로 보색관계임을 알아두어야 한다. 색채지각을 설명하는 이론 가운데 대립색설(Opponent Color theory)이 있는데 이 이론에서는 파랑과 노랑, 빨강과 녹색이 한 단위를 이루어 색채를 처리한다고 한다. 각 쌍의 색들은 우리가 보색이라고 부르는 것과 정확히 일치한다.

저명한 신경생리학자인 제임스와 허비츠(James and Hurvich)는 회색이 인접

59
측면억제는 망막 상에서 밝기를 담당하는 세포들 간에만 있는 것이 아니다. 오른쪽 그림을 보면 중앙의 회색은 그것을 둘러싸고 있는 색의 보색조를 띠는 것을 알 수 있다. 각 색을 담당하는 신경단위가 인접한 신경단위의 활동을 억제하고 그로 말미암아 반대색을 담당하는 신경단위가 상대적으로 더 활성화되기 때문에 생기는 현상이다.

한 색의 보색처럼 보이는 현상(그림 59)을 뉴런들 간의 억제 작용으로 설명한다. 예컨대 빨간색에 반응하는 신경단위가 활성화되면 이 뉴런들은 인접한 회색을 처리하는 신경단위의 빨간색 반응을 억제한다. 빨간색에 반응하는 신경단위는 녹색에도 반응하는데, 시야의 회색 부위에 해당하는 망막 상의 빨간색 반응 신경단위는 빨간색 반응을 억제함으로써 상대적으로 녹색을 활성화하게 된다. 결과적으로 회색이 실제와는 달리 녹색을 띤 듯이 보이게 된다.

회색을 빨강의 보색인 녹색으로 바꿔보자. 신경단위는 앞서와 똑같은 방식으로 반응해 빨강은 더 빨갛게, 녹색은 더 파랗게 보이게 한다. 다시 말해 인접한 두 보색의 채도가 더 높아 보이게 하는 것이다.

그림 60은 여름철 상품이나 팸플릿 디자인에 자주 등장하는 배색이다.

청색이 시원한 느낌을 준다는 사실은 누구나 알고 있다. 이 디자인의 (하늘색에 가까운) 엷은 청색도 마찬가지로 시원한 느낌을 준다. 그러나 이 청색을 따로 떼어놓은 오른쪽의 하늘색 사각형을 보자. 청색이 주는 시원함을 얻기에는 너무 채도가 낮아 도리어 텁텁하고 밀키(milky)한 느낌을 준다. 그러나 디자인에서는

60
풀장의 시원한 물 빛깔은 오른쪽 하단에 있는 노란색 글자의 도움을 받은 것이다. 노란색의 도움으로 저채도의 하늘색은 실제보다 채도가 더 높은 청색으로 지각되기 때문이다.

61
이 홈페이지 화면의 나비 날개의 파란색은 날개의 검정 테두리와 상단의 어두운 색 때문에 실제보다 더 밝게 보인다. 그래서 마치 발광(發光)하는 듯한 인상을 준다. 여기에 청색의 보색인 노란색을 더하면 하늘색은 채도까지 실제보다 높아 보인다. 실제로는 저채도인 하늘색을 사용하면서 높은 채도의 청색이 주는 심미적 인상까지 얻을 수 있는 기법이다.

그렇지 않다. 바로 글자의 노란색 때문이다. 파란색과 노란색은 보색이다. 다시 말해 서로 영향을 주어 채도를 실제보다 높아 보이게 한다. 시원한 느낌을 더해주는 것은 말할 나위도 없다. 이를 동시대비 효과라고 한다.

앞서의 밝기대비 효과와 동시대비 효과가 한데 어우러지면 어떤 미적 효과가 나올까? 그림 61은 바로 그런 사례다. 나비 주변의 어두운 색은 나비 날개의 하늘색을 실제보다 밝게 해주고 주변의 노란색은 하늘색의 채도를 실제보다 높아 보이게 한다. 마치 배경의 빛을 받아 발광하는 듯한 날개의 밝고 맑은 하늘색은 시신경의 이런 두 가지 특징이 만들어낸 작품이라 할 수 있다.

7

피카소와 김홍도에게 시지각을 배우다

필자가 아직 나만의 스타일을 찾지 못하고 이런저런 모색을 하던 시절, 무슨 바람이 불었는지 전통 풍속화 느낌이 나는 명함 크기의 조그만 인물을 그리려 했다. 단원 김홍도 등의 그림은 익히 보아왔던 터라 쉽게 생각했지만 의외로 단원의 느낌을 내는 것이 쉽지 않았다. 완성된 그림은 영락없는 무당집이나 점집 앞에 걸려 있는 싸구려 인물화였다. 누가 볼까 겁나 얼른 치워버렸지만 그 기억은 최근까지 나의 콤플렉스로 남아 있었다.

이후 나와 유사한 실수를 한 그림을 종종 발견하고 실소하곤 한다. 주로 흉하게 비어 있는 건물 외벽을 장식한 벽화가 그렇다. 벽화의 소재로 자주 등장하는 단원풍 민속화들은 하나같이 조잡하기만 하고 단원의 서민적이면서도 품위 있는 기법과는 거리가 멀어 도리어 도시 미관을 해칠 뿐이었다.

하지만 속으로 쓴웃음을 짓고 내가 그린 게 아니라 다행이라고 안도할 뿐, 도저히 그 이유를 알 수 없었다. 단지 그런 그림을 그릴 일이 없기를 바랄 뿐이었다. 단원 그림을 그대로 베끼면 되겠지만 소위 미술을 공부했다는 사람이 뭐가

62
김홍도, 「씨름」(부분), 국립중앙박물관 소장.

63
김홍도, 「빨래터」(부분), 국립중앙박물관 소장.

뭔지도 모른 채 붓자국 하나까지 흉내 내어 그린다는 것은 못 할 짓이다.

그러나 이제는 안다. 단원이 사용한 기법 한 가지를 알아냈기 때문이다. 물론 내 힘으로 그리된 것은 아니고, 리빙스턴(M. Livingston)과 허벨(D. Hubel)이라는 유명한 신경심리학자의 설명을 통해서다. 먼저 그들이 예로 들어 설명한 그림부터 보자.

■■ 세 종류의 시각정보처리 통로와 피카소

그림은 피카소의 초기 작품인 「모자상」이다. 이 그림에서 우리는 거장의 과감한 기법 한 가지를 볼 수 있는데 엄마와 아기의 머리카락, 옷, 피부를 윤곽선에서 벗어나게 칠한 것이다. 특히 아기의 갈색 머리카락과 하늘색 옷에서 이런 불일치가 두드러진다. 그러나 전혀 어색해 보이지 않는다. 어째서 그럴까? 해답은 시각처리 통로의 정보처리 특성에 있다.

64
파블로 피카소, 「모자상」, 1922. 가는 윤곽선과 색면이 일치하지 않는 아기의 옷을 보라. 파란색이 윤곽선 밖까지 칠해져 있다. 주목해야 할 것은 윤곽선을 벗어난 색들이 배경색과 밝기차이가 크지 않다는 점이다.

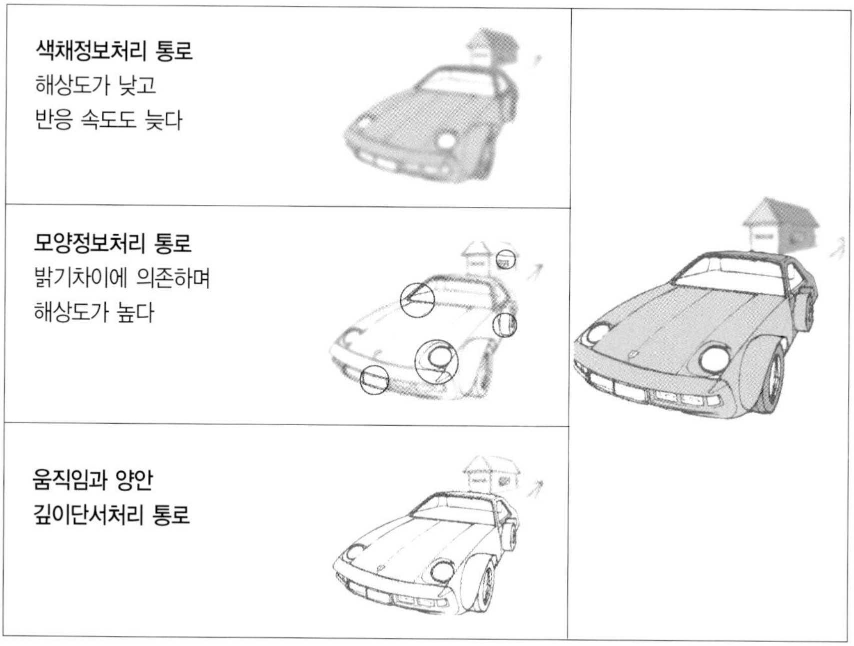

65
시각정보의 세 측면이 따로 처리된 뒤 나중에 통합되어 지각된다. 모양처리 통로는 해상도가 높은 대신 시야가 좁다. 이를 보여주기 위해 작은 원 안만 선명하게 처리했고, 나머지는 흐릿하게 표현했다.

인간의 시각정보처리 기제는 그림에서 보는 것처럼 모양, 색, 깊이 그리고 운동정보에 선별적으로 반응하는 정보처리 채널이 셋 있는 것으로 알려져 있다.

세 개의 채널은 각기 모양정보처리 채널, 색채정보처리 채널, 깊이와 운동을 처리하는 채널이다. 모양정보처리 채널은 주로 밝기대비 정보를 이용해 모양을 파악한다. 매우 정밀한 모양도 식별할 수 있도록 고해상도이고 처리 속도도 빠르다. 그러나 색채정보에는 반응하지 않는다.

반면 색채정보를 처리하는 통로는 밝기정보를 처리하지 않는다. 그리고 해상도도 낮은 편이다. 운동과 깊이정보처리 통로에서는 움직임과 양안 시차정보(양쪽 눈에 들어온 정보의 차이를 이용해 대상의 입체감을 파악)를 처리한다.

세 시각정보처리 통로를 알았으니 이것들로 피카소의 그림이 시각에서 처리되는 과정을 상상해보자. 세 시각 통로 가운데 깊이와 운동 통로는 이 경우에는 이야기할 필요가 없다. 그림에 운동감이 있을 턱이 없을뿐더러 단안(單眼)단서만 있고 양안(兩眼)단서가 없기 때문이다. 먼저 모양정보처리 통로를 지나는 정보를 보자. 그림의 밝기변화에 관한 정밀한 정보가 지나갈 것이다. 마치 아래의 중앙에서 보는 흑백 이미지와 유사할 것이다.

66
모양정보처리 통로와 색채정보처리 통로를 지나는 정보를 비유적으로 설명하면 이와 유사할 것이다. 그러나 이런 정보에 관한 신호가 처리된다는 것이지 이런 그림이 시각통로를 따라 지나간다는 얘기는 아니다.

반면 색채정보처리 통로에서는 그림 우측에서와 같은 흐릿한 색채정보가 지나갈 것이다. 물론 우리의 시각통로를 이런 이미지가 통과한다는 것은 아니다. 비유하자면 그렇다는 말이다. 하여간 이 두 그림을 비교해보면 왜 윤곽선과 어긋나게 그린 그림이 어색해 보이지 않는지를 알 수 있다. 중앙의 흑백 그림으로 보면 미세한 밝기변화가 정교하게 나타나 있고 덕분에 윤곽도 매우 선명하다. 윤곽이 선명하지 않은 곳은 입과 그 옆의 손뿐인데 그 부분에서 밝기차이가 크지 않기 때문이다.

오른쪽 그림을 보면 상황이 대조적이다. 정확한 색채정보가 나타나 있기는 하지만 전체적으로 이미지가 선명하지 않다. 사물의 윤곽을 정교하게 파악하기 어렵게 되어 있다. 그러므로 피카소의 그림에서 아기 옷이나 머리카락 색이 배경색과 밝기차이가 크지 않다면 윤곽선과 색면의 어긋남을 알아채기 어렵게 되어 있는 것이다. 이 상태에서 두 정보는 대뇌 시각피질의 어디에선가 하나로 통합된다. 윤곽선과 일치하지 않는 채색이 어색하지 않은 이유는 바로 이 때문이다.

정리하자면 이렇다. 윤곽선과 배경색 간에는 밝기차이가 커서 모양정보처리통로는 이 윤곽선을 앞의 흑백 그림에서 본 것처럼 아무 무리 없이 처리할 수 있다. 반면 엷은 갈색과 하늘색은 배경색과 밝기차이가 크지 않다. 그래서 밝기차이에 민감한 모양처리통로는 엷은 갈색, 엷은 하늘색, 엷은 배경색 들을 명확히 구분하지 못한다.

색채정보를 처리하는 통로는 그림 요소들 간의 색채차가 확연함에도 해상도가 낮다는 특성 때문에 하늘색 면과 엷은 갈색 면의 윤곽 부위를 정확히 처리하지 못한다. 흐릿한 색채정보들은 나중에 정교한 윤곽정보와 결합하여 마치 윤곽과 일치하게 색을 칠한 것처럼 오인하게 된다. 이 그림이 어색하게 느껴지지 않는 것은 바로 이 때문이다.

67
김홍도의 그림은 얼굴·팔다리의 윤곽선의 색과 살색이 정확히 일치하지 않는다. 피카소의 「모자상」과 거의 유사한 형상이 김홍도의 「단오」에서 발견된 것도 흥미롭다. 이렇게 윤곽선과 색면이 일치하지 않아도 전혀 어색하지 않은 것은 살색과 배경색의 경계 부분이 선명하지 않고 밝기도 비슷하기 때문이다.

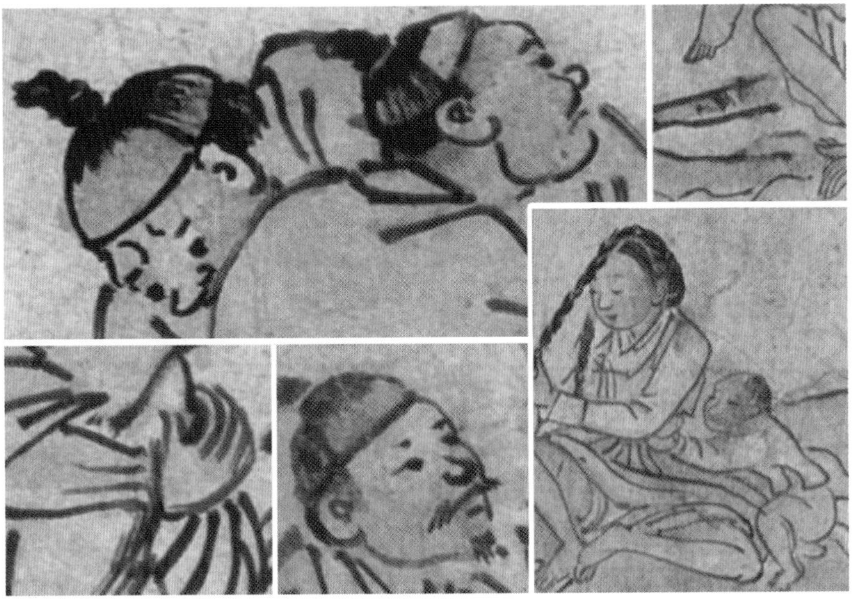

■■ 그리고 김홍도

이제 단원의 그림으로 다시 가보자. 단원의 그림에서도 동일한 기법을 찾을 수 있다. 그림 67은 단원의 유명한 풍속화 「씨름」과 「단오」의 일부이다. 인물들의 채색기법을 보면 피카소의 「모자상」에서 본 것과 동일한 기법이 사용되었음을 알 수 있다. 얼굴 윤곽선이나 씨름꾼의 팔뚝을 보면 살색면을 윤곽선과 일치시키지 않고 더러는 못 미치게, 더러는 넘치게 칠했다. 「단오」에서 발췌한 엄마와 아기의 모습은 피카소의 「모자상」과 소재와 자세까지 매우 흡사하다. 비록 많이 탈색되어 원래의 정확한 밝기대비 정도를 알 수 없지만 현재의 상태나 윤곽불일치 기법 사용으로 미루어 볼 때 「모자상」과 동일한 관점에서 설명해도 될 것 같다.

현대예술이 피카소에게 허락한 자유로움이 단원에게 있었을 리 없지만 그의 그림에 넘쳐나는 사고의 유연함은 정말 대단하다. 동서를 막론하고 현대 이전의 화가들이 강박적으로 일치시켰던 윤곽과 색면을 단원의 유연한 사고는 스스럼없이 허물고 있는 것이다. 단원의 유연한 기법을 이해하지 못했던 필자나 수많은

68
살색과 옷색 그리고 배경 간의 밝기대비를 크게 만들었다. 원화의 자연스러움이 사라졌고 미적으로도 좋지 않다.

69
김남호의 하회마을을 위한 일러스트레이션. 배경과 밝기차이가 큰 양반의 갓 부위에서는 색면과 윤곽선의 불일치가 두드러져 보인다.

'벽화'의 실수는 바로 윤곽선과 살색면을 일치시킨 것이다.

살색면과 윤곽선을 일치하지 않게 칠하자면 살색과 배경색 간의 밝기차이가 없어야 한다. 그렇지 않으면 피카소의 그림이나 단원의 그림이 주는 자연스러움은 얻을 수 없다. 그림 68이 그런 사례들이다. 윤곽선과 색면을 강박적으로 일치시켰고 배경색과 살색의 밝기차이가 커지도록 수정했다. 단원의 그림과 전혀 다른 어색함이 느껴진다.

현대예술가들은 날카로운 관찰력으로 이미 단원이 사용한 기법을 파악해 이를 현대적으로 응용해내고 있다. 그림 69는 한국의 그래픽 디자이너 서기흔과 김남호가 제작한 안동 하회마을을 위한 일러스트레이션이다.

이 그림에서도 윤곽선과 색면의 불일치를 발견할 수 있는데 색면과 배경색 간의 밝기차이가 피카소나 단원의 그림에서처럼 일정하지는 않다. 중앙 하단에 있는 각시의 머리카락과 저고리의 노란색, 그리고 상단에 있는 기생 머리카락의 색은 배경색과 견주어 피카소의 그림과 비슷한 정도의 밝기차이를 보인다. 같은 이유로 색면의 윤곽이 명확히 지각되지 않고 강한 윤곽선에 묻혀 지각된다. 반면 양반의 하얀 저고리나 짙은 회색 갓은 배경색과의 밝기차이가 커 모양정보처리 채널이 색면의 윤곽을 정확히 처리해낼 수 있고 실제로 윤곽이 분명하게 보인다.

■■ 색의 변주

지금은 극장 간판을 컴퓨터로 출력하여 사용하는 곳이 많지만 10여 년 전만 해도 간판만 전문으로 그리는 화가들이 페인트로 직접 그렸다. 극장 간판그림이라 하면 예술적 가치가 없는, 그렇고 그런 그림으로 여기기 쉽지만 그렇지 않다. 특히 시내 유명 개봉관에 걸리는 그림들은 솜씨가 예사롭지 않아 제법 그림을 감상하는 즐거움을 주기도 했다. 형태도 정확했지만 백미는 주연배우의 뺨이나 턱 밑을 살색과 전혀 다른 녹색이나 청색으로 칠하는 기법이었다. 필자는 당시 그 간판들을 보며 어떻게 저런 엉뚱한 색을 칠할 생각을 했으며 어쩌면 저렇게도 살색

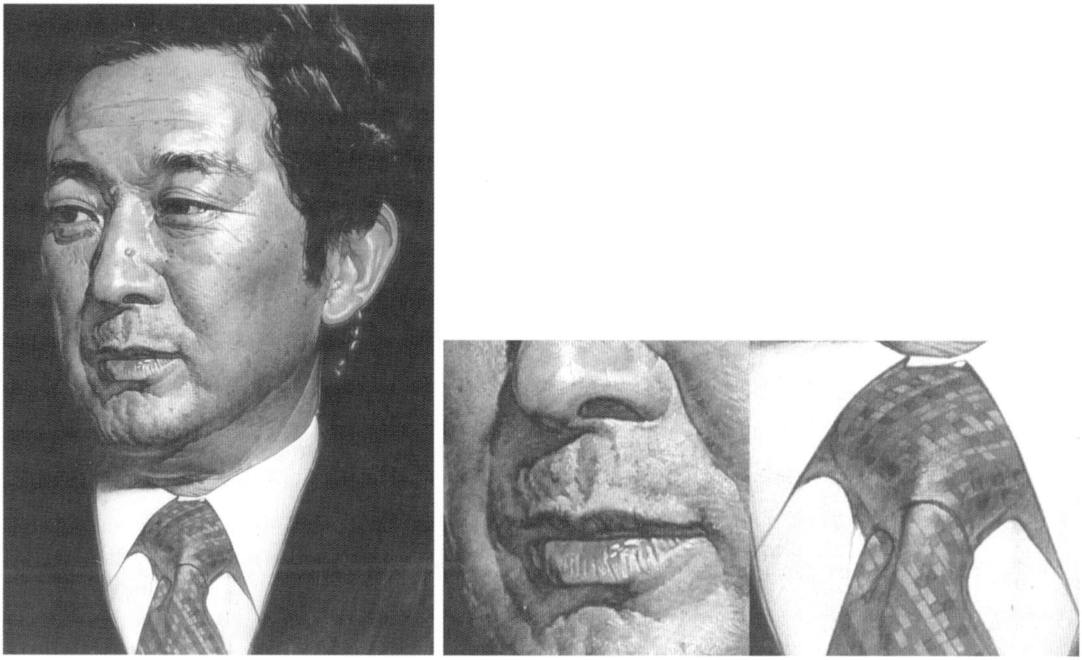

과 잘 어울릴까 궁금했다. 동일한 기법을 일본 일러스트레이터 모리 아키라(M. Akira)의 작품에서 볼 수 있다. 입 주변이나 넥타이 부분에 사용된 녹색이 기가 막히다. 필자는 마치 파바로티의 비브라토를 들었을 때와 같은 즐거움을 이 기법에서 느낀다.

70
모리 아키라의 일러스트레이션이다. 이마와 뺨 등의 녹색을 단순한 반사광으로 보기 힘든 것은 배경 어디에도 녹색이 없기 때문이다. 이런 엉뚱한 녹색이 어색해 보이지 않는 것은 색채정보와 모양정보가 분리되어 처리된 후 나중에 통합되기 때문이다.

대상과 동일한 색채로 그린 그림과 달리 대상을 충실히 재현했으면서도 다양한 색채로 변화를 준 그림은 감상자들에게 풍부한 색감을 즐기게 한다. 아키라의 그림만큼 적극적으로 색채의 변주를 시도한 것은 아니지만 그림 71에서 보는 일러스트레이션의 채색도 같은 기법이라고 볼 수 있다. 한지희가 그린 이 일러스트레이션의 엷은 분홍색 돼지의 몸통에는 부분적으로 엷은 하늘색이 칠해져 있다. 바닥에 있는 개울물의 반사를 표현하기 위해 색채에 변화를 준 것으로 보인다. 개울물의 반사를 표현하면 색감이 사실적으로 인지되는 장점도 있지만 그것보다 시냇물의 파란색과 돼지의 핑크색 몸통이 잘 어울리는 장점이 더 크다. 아키라의 경우는 이런 맥락과 상관없이 녹색을 사용했지만 한지희는 시냇물이라는 시각적

71
한지희의 일러스트레이션. 돼지의 발 아래로 흐르는 시냇물의 반사를 표현하기 위해 돼지 몸통에 몇 군데 파란색을 칠했다. 이 기법은 돼지 몸통의 분홍색과 파란 시냇물의 충돌을 완화하는 역할도 하면서 색감도 풍요롭게 만들고 있다. 『벌레들아 도와줘』 (보리)에서 발췌.

72
폴 세잔, 「파이프를 문 사람」, 1895. 이마와 콧수염 밑에 배경에 사용된 청색이 칠해져 있다. 얼굴색과 다른 색이지만 파란색과 살색의 밝기 관계는 얼굴 윤곽 표현에 정확히 맞아떨어진다.

맥락에서 엷은 하늘색을 사용했다.

개울물의 반사를 표현하기 위해서가 아니라면 핑크색과 파란색은 같이 쓰이지 않았을 가능성이 크다. 그러나 이 그림에서는 부득이하게 같이 쓰였고 더욱이 눈에 거슬리지도 않는다. 물을 많이 탄 수채 하늘색과 흰 배경 간의 밝기차이가 적기 때문이다. 색채정보를 처리하는 통로는 해상력이 매우 낮다고 했다. 이 그림에서 밝기차이가 적은 하늘색과 배경 간의 경계는 색채정보처리 통로에 의존해서 지각해야 하지만 해상력이 낮아 그렇게 할 수 없는 상황이다. 만약 하늘색과 흰 배경 간의 밝기차이가 충분해 해상력이 높은 모양정보처리 채널이 하늘색 면의 윤곽을 명확히 처리해냈다면 하늘색은 매우 눈에 거슬렸을 것이다.

모리 아키라와 한지희가 사용한 기법은 미술을 전공한 사람들 가운데서도 소수만이 소화해낼 수 있는 기법이다. 두 색채의 색상이 차이가 나도 밝기 관계만을 정확히 볼 수 있는 절대색감(絶對色感)이 있어야 가능한 일이다. 이런 현대적 기법이 언제 시작되었는지 정확히 알 수는 없지만, 추정하기로는 빛에 대한 연구가 남달랐던 인상주의 시기가 아닌가 싶다. 실제로 인상파의 작품에서 이와 유사한 색채의 변주가 자주 발견된다. 그 가운데 하나가 세잔의 그림이다.

세잔의 「파이프를 문 사람」을 보면 이마나 턱수염 밑의 청색이 새롭다. 배경에 있는 청색 벽지에서 가져온 색으로 보이는데 이 그림을 흑백으로 변환시켜보면 청색의 밝기가 인물의 전체적인 밝기변화에 정확히 들어맞는다는 것을 알 수 있다.

절대음감을 타고난 사람들은 빗방울 소리 등 주변의 소음에서도 멜로디를 느낄 수 있어 이를 즐기기도 하고 창작도 할 수 있다고 한다. 마찬가지로 절대색감을 지닌 뛰어난 아티스트들은 앞 그림들에서처럼 우리와는 다른 방식으로 사물을 볼 수도 있나보다. 필자가 현대 과학의 도움을 빌려 가까스로 이해한 방식으로 말이다.

8

직선을 사랑하는 뉴런들

영화나 드라마에서 이런 장면을 본 적이 있을 것이다. 불가마 앞에 앉아 “이것도 아니야!” 하고 소리치며 자기가 만든 도자기를 부수는 도예가나 이젤에 놓인 그림을 북북 찢어버리는 화가의 모습을. 무엇인가 손에 잡힐 듯 잡히지 않아 고뇌하는 예술가의 전형 가운데 하나다. 물론 영화에는 과장과 왜곡이 있게 마련이지만 예술가의 실제 모습과 전혀 다르지는 않을 것이다. 그러나 그들이 무엇을 찾는지는 일반인으로서는 이해하기 힘들다. 필자도 창작 경험이 없진 않지만 그 정도 경지에는 도달해보지 못해 속속들이 이해하지는 못한다.

영화 등에서 다분히 신비하게 묘사하는 그 무엇을 예술가들의 철저한 프로정신이나 예술관에서 찾으려 한다면 좀더 구체적으로 손에 잡히는 것이 있다. 「최후의 만찬」을 그린 다빈치가 유다의 모델을 찾기 위해 수년간 헤매고 다녔던 이야기는 유명하다. 다빈치의 경우 철저한 프로정신 때문이었다면 몬드리안 같은 모더니즘 작가의 경우는 그들의 새로운 예술관 때문이었다.

모더니즘이 등장하던 시절은 화가들에게 참으로 어려운 때였다. 화가들을 후

원하던 왕족은 몰락했고 교회도 예전 같지 않았다. 주문자의 속박 아닌 속박에서 벗어난 화가들은 무엇이든 마음대로 그릴 자유를 얻었지만 후원자를 잃어 경제적 문제를 해결하는 것이 큰 고민이었다.

그런가 하면 대상을 실물 그대로 재현해내는 사진기가 등장해 큰 시련을 안겨주었다. 사진기가 따라올 수 없는 회화만의 가치를 찾아내는 일은 경제적 문제를 해결하는 것보다 더 어려운 숙제였다. 그림만의 가치를 찾아내야 했고, 화가들은 겉으로 드러난 세상의 모습과 다른, 그 이면에 숨어 있는 원칙이나 시각적 요인을 찾으려 고심했다. 이런 원칙이나 요인이야말로 진정한 아름다움을 선사할 것이라는 믿음 때문이었다. 마치 감각적으로 보이는 대상은 헛된 것이며 그 속에 숨어 있는 진리 혹은 이데아를 볼 수 있어야 진정한 아름다움을 경험할 수 있다는 서구의 플라톤적 전통을 보는 것 같다. 이런 모색의 한가운데에 모더니즘이 있었다.

■■ 자연 속에 숨어 있는 형태소의 탐색

화가들은 '무엇을 그릴까'와 더불어 '어떻게 그릴까'를 고민한다. 구도나 색채, 형태, 비례 등에 대한 고민이 '어떻게 그릴까'에 속하는 문제들이다. 본격적인 비구상화로 넘어가면 이런 고민이 창작의 전부나 다름없게 된다. 모더니즘 작가들의 관심은 극단적으로 '어떻게 그릴까'의 문제로 옮겨가 형태와 색만으로 화면을 구성해 구체적인 형상이나 이야기는 점차 사라지게 된다. 이들은 모든 형상 속에는 본질적이고 기본적인 형태와 구도가 숨어 있으며 회화는 이것을 찾아 사람들에게 보여주어야 한다고, 바로 이것이 시대를 뛰어넘는 항구적인 아름다움이며 사진이 따라올 수 없는 영역이라고 생각했다.

세잔도 그러했다. 그림 73은 세잔의 후기작에 속하는 그림들이다. 세잔이 대표하는 후기인상주의는 역사적으로는 구상화에서 비구상화(모더니즘 미술)로 넘어가는 시기에 해당한다. 본질적인 형태와 구도가 있으리라 믿었고, 매우 활발히

73
폴 세잔, 「목욕하는 사람들」(위)
과 「생 빅투아르 산」(아래).
두 그림의 제작연도는 몇 년의
시차가 있다. 그 기간에 세잔의
그림에서 나타난 주된 변화가
윤곽의 직선화인 듯싶다.

74
형민우의 『프리스트』에서 발췌한 그림.

그것을 탐구하던 시기였다. 두 그림은 익히 알고 있는 세잔의 그림과 달리 인물과 풍경이 매우 간결하게 표현되어 있다. 특히 눈에 띄는 것은 사물의 윤곽이 매우 직선적으로 단순화되어 있다는 점이다. 이런 경향은 후기로 갈수록 더욱 강해져 「생 빅투아르 산」에서는 거의 사각형에 가까운 형태들이 등장한다.

세잔의 일생을 통해 나타난 윤곽의 직선화는 말레비치, 칸딘스키 등에 이르러 극에 달해 구체적인 대상은 완전히 사라지고 직선만 남게 된다. 모더니즘 미술이 찾아낸 가장 기본적이고 본질적인 형태소가 바로 직선이라는 것을 암시하는 대목이다. 이들의 생각대로 직선이 가장 기본적인 형태소인지는 모르겠지만 모더니즘 이외의 많은 화가나 만화가들이 직선을 애용하는 것은 사실이다. 그림 74는

75
인체의 전체적인 구조와 동세는 한두 개의 직선으로 단순화할 수 있다. 그림 그리기에 익숙해지면 이런 직선을 찾는 일에도 능숙해진다.

형민우의 『프리스트』라는 만화의 한 컷이다.

이 만화를 보면 인물 윤곽이 극단적으로 직선화되어 있다. 이 그림처럼 심한 경우는 드물지만 대개 그림 그리기에 능숙해지면 윤곽은 점점 직선화된다. 그 까닭은 두 가지로 생각해볼 수 있다.

첫째는, 대상의 구조적 특징을 직선으로 일목요연하게 표현할 수 있기 때문이다. 시각의 목적은 사물의 항구적 · 구조적 특징을 파악하는 것이라는 마(D. Marr)의 이야기를 새삼 빌리지 않더라도 사물의 동세(動勢)나 구조적 특징을 일목요연하게 잘 표현한 그림은 보기에도 좋을 것이다.

다른 한 가지 가능성은 이 글에서 소개하려는 것으로, 윤곽의 직선화가 시각정보를 처리하는 뇌의 어떤 특징과 맞아떨어지고, 이런 그림과 뇌가 공명하여 아름다움을 안겨줄 수 있다는 것이다. 앞의 만화에 등장하는 직선화와 세잔의 직선화가 동일한 이유에서 창작된 것이라고 단정하기는 어렵다. 그러나 시대와 장르를 넘어선 묘한 일치를 뇌의 특징과 같이 좀더 근본적이고 보편적인 곳에서 찾아보려는 시도는 자연스러운 일일 것이다.

앞서도 말했듯이 모더니즘 계열의 화가들이 본질적인 형태를 찾으려 노력하였고, 그들의 그림에는 공통적으로 수많은 직선이 화면을 가득 메우고 있다. 아직

76
직선이 그림을 지배하는 말레비치의 「supermus No. 56」

구체적인 대상의 윤곽에서 분리되지 못한 세간의 그림과 달리 본격적인 모더니즘 계열의 작품에서는 구체적 사물은 온데간데없고 직선들만이 남아 화면을 지배한다.

그림 76은 현대회화에 막대한 영향을 미친 말레비치의 그림이다. 그는 "구체적인 사물과 관계없는, 구체적이지 않은 감흥(non-objective sensation)과 비구상적 예술(non-objective art)"의 중요성을 주장했던 인물이다. 그의 그림에는 직선과 장방형 그리고 십자 형태와 원만 가득하다. 그리고 후기에 접어들면 그림은 더 직선화되어 장방형과 원은 사라지고 직선만 남게 된다.

말레비치 이외에도 대부분의 모더니즘 화가들은 직선에 매료되었다. 예컨대 바실리 칸딘스키, 피에트 몬드리안, 바넷 뉴먼, 엘스워드 켈리, 로버트 리만, 로버트 마더웰, 지니 데이비스, 로버트 만골드, 애드 라이하르트, 프란츠 클라인 등 이루 셀 수 없을 정도다.

이들은 객관적이고 보편적인 형태를 탐구하는 과정에서 모든 형태는 소수의

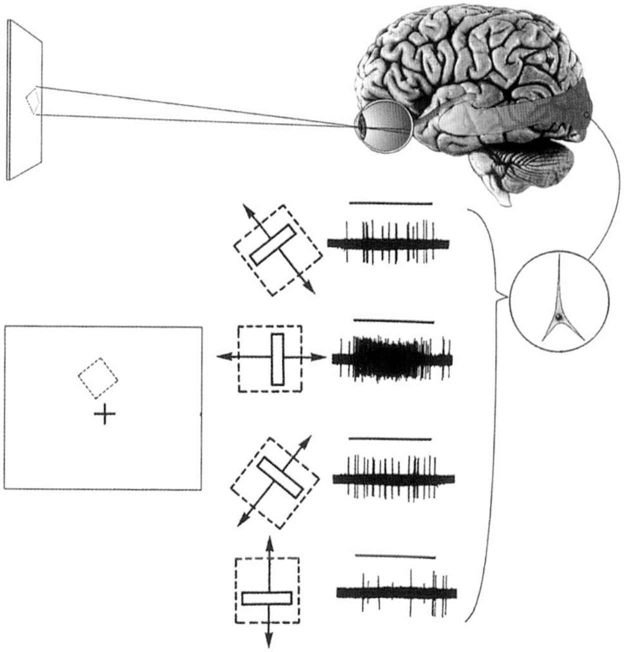

77
각 뉴런들은 특정한 방향이 있어 이 방향의 선에서 발화율이 최고조에 달한다. 여기서는 수직선을 선호하는 뉴런의 발화율을 보여준다. 그러나 수직선과 유사한 방향을 선호하는 뉴런들도 유사성에 비례해 발화하고 있음을 알 수 있다.

기본적인 형태소로 환원될 수 있다고 믿게 됐는데 이들이 말하는 보편적인 형태소(constant element)는 바로 직선이었다.

■■ 방향탐지기와 말레비치

추상화에 나타나는 직선들은 좀더 간결한 형태로 사물을 단순화하는 과정에서 만들어진 것일 뿐이라고 쉽게 설명할 수도 있다. 제마이어 제키는 이 단순화 과정이 바로 대뇌가 사물을 표상하기 위해 필요한 형태의 본질적 요소를 찾는 과정과 동일한 것이라고 본다.

인간 대뇌의 시각피질에는 특정한 방향의 선에 선별적으로 반응하는 세포가 있는 것으로 알려져 있다. 제키는 이 방향선별적 뉴런들의 작용을 현대회화의 직선들과 연관짓고 있다. 신경생리학자들은, 이 방향선별적 뉴런들이 형태를 표상

78
피질의 수직 방향으로 배열된 뉴런들은 모두 같은 방향에 반응한다. 그리고 수평 방향으로 멀리 떨어질수록 뉴런들이 선호하는 방향도 달라진다.

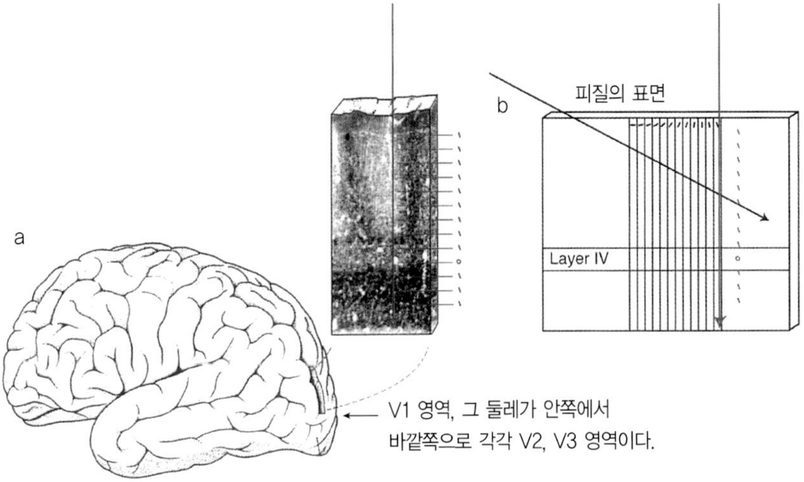

하기 위한 신경 벽돌이라고 보고 있다. 마치 커다란 집을 구성하는 벽돌처럼 다양한 방향에 선별적인 뉴런들이 반응하여 복잡한 형태를 구성하기 때문이다.

그림 78에서 보는 것처럼 대뇌의 뒷부분에 있는 시각피질의 V1 영역을 중심으로 V2, V3 영역에는 많은 방향선별적 뉴런들이 있다. 그리고 이 방향선별적 뉴런들은 방향을 기준으로 보았을 때 매우 질서 있게 분포되어 있다. 그림 78의 b를 보면 뉴런들 간의 위치가 멀어질수록 방향도 그만큼 달라지는 것을 볼 수 있다.

피질 표면에서 수직 방향으로는 모두 동일한 방향에 반응하는 뉴런들이다. 그림에서처럼 피질 표면의 45도 방향에서 바라본다면 각 뉴런의 선호 방향이 점진

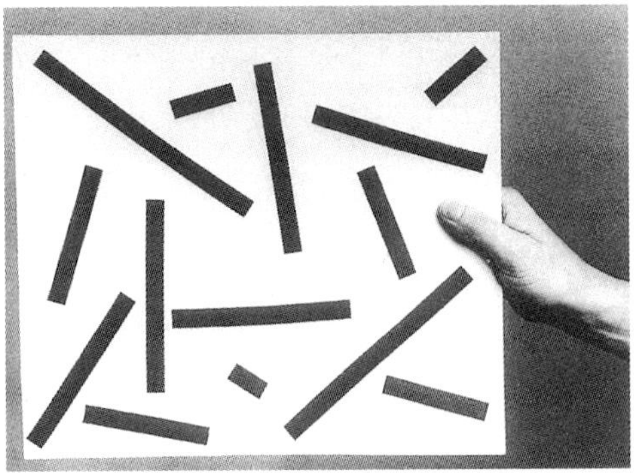

79
시각피질 세포들의 발화율을 보기 위해 사용된 초기의 자극. 이런 종류의 그림들은 효과적으로 많은 수의 뉴런을 동시에 발화시킬 수 있다.

적으로 변해간다는 것을 알 수 있다. 제키는 이와 같은 방향선별적 뉴런들은 어떤 스타일의 그림보다 몬드리안이나 말레비치 등의 그림을 감상할 때 활동이 매우 활발해질 것이라 말한다. 물론 이런 특정 뉴런의 활성화가 어떻게 심미적 감흥으로 연결될 수 있는지에 대해서는 알지 못한다. 하지만 매우 묘한 일치라고 생각한다.

그림 79는 고양이의 시각피질에 있는 방향선별적 뉴런들을 활성화시키기 위해 사용하는 실험 자극이다. 이 실험 자극과 모더니즘 작품들 간의 유사성이 놀랍지 않은가?

몬드리안은 모더니즘 계열 화가들 가운데 특히 수평선과 수직선에 매료되었던, 방향선별적 뉴런의 시각에서 보면 매우 극단적인 양식을 추구한 특이한 인물이다. 그러나 수평과 수직에 대한 몬드리안의 선호를 설명해줄 수 있는 신경학적 단서는 아직 발견되지 않았다. 다만 여러 지각실험을 통해 수평선과 수직선이 다른 방향의 선들에 비해 비교적 쉽게 지각된다는 점이 확인되었을 뿐이다.

몬드리안이 원과 대각선을 매우 싫어한 반면 로버트 만골드는 원과 대각선을 매우 즐겨 사용했다. 원도 수많은 대각선으로 분할될 수 있다고 보면 만골드의 그림을 설명하기가 용이해진다. 시각피질에는 대각선 방향을 선호하는 많은 뉴런들이 있기 때문이다.

앞서도 잠깐 이야기했지만 몬드리안은 모든 형태는 가장 본질적인 형태소인 직선으로 쪼개질 수 있고 이 선들은 서로 가로질러 장방형을 만들게 된다고 했다. 말레비치도 비슷한 결론에 도달해 그의 그림에도 많은 장방형과 사각형이 등장한다. 사각형과 장방형을 선호하는 경향은 모더니즘 미술가들에게 이어져 그들의 작품 속에 구현되고 있다.

9

형태를 맛보는 사람

「형태를 맛보는 사람」은 미국의 저명한 신경전문의이며 퓰리처 상 후보에도 올랐던 저술가인 치토윅(R. Cytowic)이 쓴 책의 제목이다. 원제는 『*The Man who tasted Shapes*』(1999)이다. 치토윅은 우연히 공감각자를 만나 이에 대한 연구를 시작하게 되었는데, 이 책은 그 연구결과를 에피소드를 섞어가며 쓴 것이다. 애기인즉슨 이렇다. 치토윅은 옆집에 새로 이사 온 화가 마이클의 초대를 받았다. 조금 일찍 그 집에 도착한 치토윅은 요리를 준비하는 마이클과 대화하기 위해 의자를 부엌 입구까지 끌고 가 앉는다. 거기서 희한한 독백을 듣게 된다. 예컨대 "이 닭은 너무 각(angular)과 점(dot)이 많아. 좀 줄여야겠군" 이런 식이었다.

무슨 말이냐고 묻자 마이클은 흠칫 놀라며 얼버무리려 하다가 이내 이 신경전문의에게 사실을 고백하게 된다. 치토윅은, 마이클이 스스로 병리적인 게 아닐까 싶어 쉬쉬해오던 비밀을 듣게 된 것인데, 어렸을 적부터 그는 특정한 음식물 따위를 맛보면 동시에 형태를 느낀다는 것이다. 이렇게 어떤 감각기를 통해 다른 감각기의 경험을 동시에 느끼는 것을 공감각이라고 한다. 예컨대 특정한 소리를 들으면 동시에 색을 느끼거나 마이클처럼 특정한 맛에서 어떤 색감이나 형태를 느끼는 식이다.

공감각은 영어로는 synesthesis라고 하는데 '함께' 라는 뜻의 그리스어 syn과 '지각한다' 는 뜻의 aisthesis에서 유래한 것이다. 통상은 시각과 청각(audition color), 형태와 미각, 온도감과 시각의 연합이 일반적이다. 이런 감각경험을 일관되고 강렬하게 느끼는 사람을 공감각자(synesthete)라고 한다. 미국에만 백만 명 정도 된다고 하니 인구비례로 계산해보면 우리나라에는 약 20만 명 정도 되는 셈인데 과연 그 정도인지는 모르겠다.

공감각의 원인에 대해서는 여러 의견이 엇갈린다. 학습이나 개인적 경험의 소산이므로 딱히 실체랄 것이 없다는 의견도 있고, 공감각 경험은 신경의 구조적 특징 때문이라는 의견도 있다. 또 한편에서는 일반인들이 경험하는 공감각적 경험과 공감각자라고 불리는 사람들의 경험은 서로 성질이 다르다는 의견도 있다. 어느 것 하나 분명하지 않고 여러 의견이 팽팽히 맞서고 있다. 원인이야 어찌됐건 어떤 공감각 경험은 학습으로 쉽게 설명되지만, 어떤 경험은 특별한 신경학적 가정이 있어야 설명된다.

예컨대 황소의 큰 덩치와 느리고 낮은 울음소리의 연합 또는 불의 붉은색과 뜨거움의 연합 등이 학습의 소산이라는 관점을 뒷받침하는 공감각 사례들이다. 그러나 앞서 본 치토윅의 사례나 러시아 작곡가 스크랴빈처럼 특정한 음조를 들으면 특정한 색을 느끼는 경험은 학습의 결과로 설명할 수 없다.

■■ 공감각과 예술

공감각은 예술가들의 상상력을 자극하는 새로운 원천으로 오래전부터 인식되어왔다. 특히 상징주의 예술가들과 추상주의 예술가들이 많은 흥미를 느꼈으나 1930년대 이후 뜸하다가 최근 다시 관심을 모으고 있다. 공감각에 대한 예술적

80
알렉산드르 스크랴빈이 공감각을 경험하려고 사용한 루스라는 컬러 키보드. 그는 교향시 〈프로메테우스〉에서 음악과 색채를 결합하려 했다. 관중의 호응을 얻는 데에는 실패했지만 이후 러시아 음악에 큰 영향을 미쳤다.

관심은 피타고라스까지 거슬러 올라가는데 그는 현악기의 현의 길이를 옥타브와 연결시켜 음악적 하모니의 수학적 규칙을 발견한 바 있다. 그는 이 법칙을 색상과 음향이 수학적 법칙에 따라 서로 관련되어 있다는 견해로 발전시켰다. 뉴턴은, 음악과 색상은 광파와 음파의 주파수라는 공통의 속성을 바탕으로 서로 연결되어 있을 거라고 추측했고 카스텔(L. Castel)은 컬러 오르간을 그리고 다윈(E. Darwin)은 컬러 하프시코드를 개발하기도 했다.

수많은 사례가 있지만 현대의 예술적 관심과 연결되는 시도는 누가 뭐래도 러시아의 작곡가 스크랴빈이다. 그는 자신의 공감각 경험을 토대로 청각과 시각을 결합한 새로운 예술장르를 개발하려 노력했다. 미완으로 끝난 그의 시도를 뒤이으려는 사람들의 노력은 현재까지도 이어져 그 노력을 스크랴빈의 교향시 〈프로메테우스〉를 인용하여 프로메테우스 프로젝트라고 한다.

그림 80은 스크랴빈이 개발한 피아노 루스(luce)에 부착하는 장치인데, 어떤 건반을 누르면 그 음에 따라 색 전구 중 하나에 불이 들어온다. 이런 실험은 스크

랴빈 말고도 올리비에 메시앙 등 다수의 예술가들이 시도했고 그 가운데에는 문호 괴테도 포함되어 있다.

아무튼 공감각을 경험하는 이유가 무엇이건 간에 공감각을 이 책에서 다루려는 이유는 미술이나 디자인의 감성적 효과에 시사하는 바가 많기 때문이다. 우리가 시각을 통해 경험하는 여러 느낌, 소위 감성이라는 것 가운데 공감각적인 것이 의외로 많다. 예컨대 우리는 왜 청색을 보면 시원하다고 느끼고 검정 가방을 보면 무겁다고 느끼는가? 왜 어떤 배색의 양복을 입은 사람은 경쾌해 보이고 또 어떤 배색의 경우는 점잖게 보이는가? 이와 같이 시각을 통한 일상의 경험 상당수가 공감각과 관련이 있는 것들이다.

아마 공감각이라는 단어는 고등학교 국어시간에 처음 들어보았을 것이다. 어떤 시의 한 구절에 '밑줄 쫙' 그으며, 공감각적 표현의 예를 들던 선생님의 가르침을 기억할 수 있을 것이다. 이렇게 시어에서 많이 보아온 공감각적 표현은 미술이나 음악의 영역에서도 매우 흔하고 익숙한 것이다. 예컨대 '차가운 냉혈한의 얼굴'을 그림으로 그린다고 해보자. 색채나 형태에 따라 그림의 온도가 낮아질 리야 없지만 그런 느낌을 주기 위해 아마 청색을 많이 사용할 것이다. 공감각적 느낌의 원인이 학습 때문이건 다른 그 무엇 때문이건 간에 공감각을 다루는 일은 이처럼 쉬워 보인다. 그러나 좀더 세밀히 공감각적 표현을 하려면 그에 대한 나름의 이해가 필요하다.

얼마전 국내 유수의 디자인 대학원에서 맹인들도 색감을 느낄 수 있는 점자디자인을 개발하고 있다며 자문을 청해온 적이 있다. 필자 역시 공감각에 대해 충분히 이해하지 못한 터라 충분한 도움을 줄 수 없어 아쉬웠다. 이렇게 공감각에 대한 지식의 실용성은 예상외로 크고 다양하지만 아직 충분한 지식이 쌓여 있지는 않다. 필요에 따라 부분적으로 시각이나 미각 혹은 시각과 청각 사이의 결합에 대해 연구가 이루어지고 있는 정도다. 그림 81은 식품 포장 회사를 위해 미국의 색채심리학자 파브르(J. Fabre)가 배색에 따른 미각적 효과를 조사한 것인데 무척 흥미롭다.

왼쪽 상단부터 시계방향으로 신맛, 달콤한 맛, 쓴맛, 약한 알코올 맛, 짠맛과

81
색채는 미각을 암시할 수 있다. 위 그림은 시계방향으로 신맛, 단맛, 쓴맛, 약한 알코올 맛, 짠맛을 암시한다.

각기 잘 어울리는 색이라고 한다. 파브르는 식품 포장재의 색을 내용물의 성격과 맞추기 위해 이런 조사를 했다고 한다. 하지만 이런 조사를 매번 할 수는 없는 노릇이다. 이런 공감각을 배후에서 관장하는 원리를 찾아낼 수 있다면 관련 연구는 무척 간단해질 것이다.

■■ 공감각자의 신경생리학적 특징

공감각 기제를 이해하는 첫 순서로 치토윅이 분석한 화가 마이클의 뇌의 특징을 살펴보자. 마이클의 뇌는 MRI(자기공명촬영), 혈류 측정 등 다각도로 검사받았지만 특별한 이상은 발견되지 않았다고 한다. 한 가지 특이한 점은 공감각을 경험할 때에는 변연계라 불리는 부위의 왼쪽이 일반인에 비해 크게 활성화된다는 것뿐이었다. 이어서 치토윅은 공감각과 유사한 경험을 하게 만드는 상황들을 검토하기 시작했다. 세레토닌 방출을 돕는 LSD 같은 약물 투여자들이 느끼는 강한 감각경험이나 감각박탈 상황에서 느끼는 공감각, 그리고 측두엽에서 간질이 시작되는 TLE(Temporal Lobe Epilepsy) 환자의 독특한 감각경험들이 비교 대상이었다.

LSD는 시상으로 향하는 감각정보 통로를 민감하게 만들지만 시상에서 대뇌의 감각피질(시각피질 등)로 향하는 통로는 둔감하게 한다. 시상은 눈, 귀, 코 등에서 전달되는 감각정보가 처음으로 집결하는 곳인데 이곳에서 동일한 감각정보가 변연계와 대뇌로 전달된다. LSD는 바로 이 두 통로 중 변연계로 가는 통로를 민감하게 만드는 것이다. 변연계 활성화의 결과로 감각이 평소보다 강하게 느껴지고 통합된 감각경험을 못 하게 된다. 그 대신 시엽적 감각경험에 매달리게 된다.

간질발작은 대뇌의 많은 신경세포들이 동시에 방전되어 발생한다. 그 발생 부위에 따라 증상이 달라지는데 측두엽에서 일어날 때에는 감각적이고 정서적인 특징만 나타난다. 이를 TLE(측두엽발작)라고 한다. 측두엽 환자들은 실재하지 않는 맛이나 냄새를 맡고 사물이 역전되어 보이거나 정신이 육체에서 이탈된 것 같은 경험을 한다. 특히 그 감각경험들이 현실감 있게 잘 구성되어 있는 경우들이

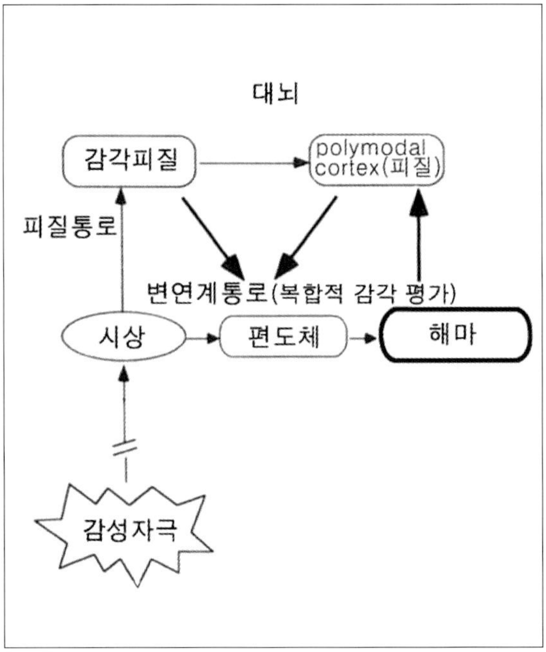

82
외부의 자극들은 시상을 거쳐 감각피질로 가는 통로와 해마나 시상하부 등 변연계로 가는 통로를 거의 동시에 통과한다. 그림에서 시상에서 수직으로 향한 피질 통로가 약해지면 오른쪽으로 향하는 변연계 통로가 민감해진다.

많아 겉으로는 공감각과 구별하기 어렵다.

이것 이외에 몇 가지 경우가 더 비교되었는데 이 모든 사례들은 약물에 의해서건 특정 부위의 절제에 의해서건 변연계가 특별히 활성화된 상황이라는 공통점이 있다. 다시 말해 피질의 활동이 약해지고 변연계의 활동이 왕성해진 가운데 공감각과 유사한 경험을 한다는 것이다. 변연계의 여러 역할 가운데에는 어떤 외부 자극에 돌출성(salience)을 더하는 것이 있다. 예컨대 LSD 같은 약물을 복용하고 빗방울 소리를 들으면 그 소리 하나하나가 똑똑 끊어져 매우 선명하게 들린다고 한다.

앞서 말했듯이 외부의 감각자극들은 눈이나 귀 등의 감각기를 거쳐 뇌의 시상(thalamus)이라는 부위에 전달된다. 그 다음 시상에서 대뇌피질의 각 감각피질 영역으로 전달되고 동시에 변연계로 전달된다. 그러므로 위에서 말한 몇 가지 사례는 시상에서 피질로 가는 통로의 시냅스는 둔감해지는 반면 감각기에서 시상과 변연계로 가는 통로는 민감해진다는 것을 말해준다.

마이클의 공감각 경험은 아침에는 비교적 약하고 저녁에는 더 선명했다고 하는데, 이런 경향은 변연계 통로의 민감화가 공감각과 관련이 있다는 생각을 지지해주는 것이다. 마이클은 아침에는 커피를, 저녁에는 반드시 칵테일을 몇 잔 마시는 습관이 있었다. 커피에 들어 있는 카페인이나 니코틴, 암페타민, 코카인 등은 피질을 활성화시키고 알코올, 아편, 마리화나, 신경안정제 등은 변연계를 활성화시키는 대표적인 물질이다. 이런 점들을 감안하여 치토윅은 변연계 가운데서도 특히 해마라고 불리는 부위가 공감각의 핵심 부위라고 추정한다.

치토윅은 공감각자를 '인지적 화석'이라고 부른다. 공감각자들은 특별한 감각 경험 이외에는 별다른 병리적 증상이 없고 생활에도 지장이 없는 사람들이다. 다만 일반인들이 하지 못하는 경험을 할 뿐이다. 이들은 이런 경험들을 생생히 하고 있을 뿐만 아니라 놀랍도록 세세한 것들까지 기억하고 있다. 결코 병리적이거나 정신적 기형이라고 할 수 없는 사람들이다.

치토윅이 공감각을 보는 관점은 분명하다. 우리의 신경계를 구성하는 뉴런들은 끊임없이 서로 정보를 주고받으며 대화한다. 비유하자면 이럴 것이다.

감광세포 1(장파장을 담당하는): 자극이 강렬하다.

대뇌 시각피질: 네가 흥분했다면 빨간색이겠군.

대뇌 전두부위: 빨간색이면 피잖아!

편도체: 그렇다면 심장을 빨리 뛰게 해야겠군.

그러나 이 대화 가운에 우리가 의식하는 것은 아주 일부에 지나지 않는다. 아마 다 듣는다면 우리는 다른 생각이나 행동은 하지 못할 정도로 그 대화 속에 파묻혀버릴 것이다. 그러나 공감각자들의 경우는 이런 대화 가운데 일부가 어떤 이유로 다른 감각통로로 새어나가는 것일 수 있다. 우리들 대부분의 의식에서 멀어진, 그렇지만 무의식적 수준에서 우리의 지각에 영향을 줄 수 있는 뉴런들의 대화를 공감각자들은 어찌된 영문인지 아직도 의식하고 있는 것이다. 그래서 이들을 '인지적 화석' 이라고 부르고 있다.

치토윅은 공감각의 핵심 부위는 변연계, 그 가운데에서도 해마가 가장 유력하다고 본다. 그러나 사람에 따라서는 해마와 피질이 만나는 TC(Transional Cortex)가 더 유력한 곳이라 보기도 한다. 하여간 변연계가 공감각의 핵심 부위인 것은 분명해 보인다.

우리가 잘못 알고 있는 상식 가운데 하나가, 인간은 소위 신피질이라고 부르는 전뇌가 가장 발달한 존재로 알고 있다는 점이다. 사실은 그렇지 않다. 신피질은 상대적으로 영장류가 더 발달했지만 그 이하의 하등동물에서는 변연계가 더 발달해 있다. 인간은 유일하게 피질과 변연계가 고르게 발달한 종이다. 변연계가 발달한 인간의 두뇌에서 공감각 정도의 에러는 충분히 일어날 수 있다고 볼 수도 있다.

83
다카하시가 실험에 사용했던 그림 자극들. 이 그림을 그린 이들의 정서 상태는 선의 결이나 속도, 반복되는 패턴(리듬)과 같은 지각적 속성에 의해 전달되는 것 같다.

그 에러는 성장하며 분화되어야 하는 감각통로가 분화되지 못한 것을 말하는 것일 수도 있고, 감각통로들을 서로 분리시키는 뉴런들을 싸고 있는 막(myelin)이 제대로 형성되지 못해 발생하는 것일 수도 있다.

공감각에 대한 신경학적 특징은 이쯤 해두고 다른 각도에서 공감각을 살펴보자. 공감각에 대한 연구는 아니지만 공감각에 시사하는 바가 큰 연구가 다카하시라는 일본인 학자에 의해 이루어졌다. 다카하시는 피실험자들에게 최근에 겪었던 기쁜 일, 슬픈 일 등 8가지 상황을 떠올리게 한 후 당시 기분을 종이에 그리게 했다. 물론 구체적인 대상은 그리지 못하게 하였다.

그 가운데 대표적인 것을 상황별로 세 개씩 추려내 다른 피험자들에게 보여주고 8가지 상황을 표현하는 단어들과 짝짓게 하였다. 그러자 아주 정확히 처음 그린 것과 똑같이 짝을 지은 것으로 밝혀졌다.

그렇다면 사람들은 도대체 어떻게 그려진 상황을 정확히 알아맞힐 수 있었을까? 다카하시는 이 그림 속에 들어 있는 '리듬' 때문이라고 생각한다. 리듬이란

84
다카하시가 개념화한 감각처리 과정. 이 개념도의 통합지각과정이 공감각 경험과 많은 점에서 유사하다. 굵은 화살표는 주된 처리통로를, 가는 화살표는 보조 처리통로임을 말하는 것이다.

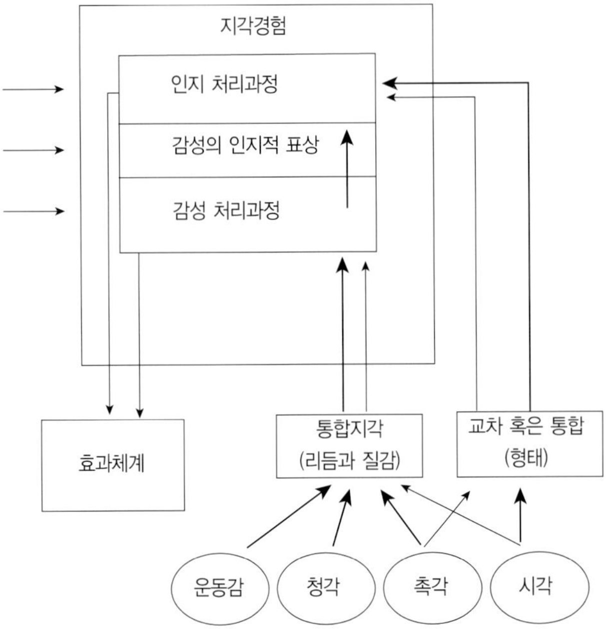

어떤 자극, 특히 소리가 규칙적으로 반복될 때 느끼는 속성이다. 그러나 반드시 소리일 필요는 없다. 누군가 나의 등을 일정한 규칙에 따라 토닥거린다면 우리는 촉각을 통해서 어떤 리듬을 느낄 수 있다.

이 그림에서도 마찬가지다. 선이 반복되는 일정한 패턴에서 우리는 리듬을 느낄 수 있다. 다시 말해 짧고 빠르게 반복되는 리듬에서는 분노를, 길고 빠르게 반복되는 리듬에서는 활력을, 길고 느리게 이어지는 리듬에서는 여성적인 느낌이나 평안함을 느끼게 되는 식이다. 시각을 통해 이런 리듬감이 지각되고 이는 그린 사람들의 마음 상태를 짐작하게 한다.

그림 84의 오른쪽 하단에는 시각을 통해 정보가 전달되는 두 개의 통로를 가정해 그려놓았다. 하나는 형태와 같이 일반적으로 시각을 통해 지각한다고 알려진 정보통로이고, 다른 하나는 리듬감이나 재질감처럼 다른 감각기들과 통합지각되는 통로이다. 여러 감각정보들이 서로 통합되는 통로가 있다는 가정은 공감각기제를 가정하는 것과 마찬가지라고 생각된다.

이 통합감각 통로가 구체적으로 뇌의 어느 부위인지 아직은 모른다. 앞서 치토윅이 말한 해마일 수도 있고 TC일 수도 있다. 아니면 이 둘이 모두 관련되어 있을 수도 있다. 어찌됐건 여기에서 관심사는 통합지각되는 정보의 속성은 무엇인가이다.

마크(L. Mark)는 '자극의 강도'라는 속성이 통합지각될 수 있다고 한다. 예컨대 색채의 3속성인 색상, 채도, 밝기 가운데 밝기가 색채의 강도에 해당되는 속성이며, 소리의 경우는 소리의 높이(pitch)와 크기(dB)가 강도에 해당된다고 한다. 다시 말해 크고 높은 소리는 밝은 색과 공감각적으로 연결되어 있다는 말이다. 자극의 강도가 감각기들 간에 공유될 수 있는 자극 속성이라는 것은 일상의 경험과 잘 들어맞는 것 같다. 그러나 강한 자극이 각 감각기에서 무엇을 말하는가에 대해서는 마크의 주장에 의문이 가는 부분이 많다. 우리들은 빨간색을 매우 강한 색이라고 말하고 또 그렇게 느끼지만 마크의 말대로라면 빨간색보다 더 밝게 느껴지는 노란색이 더 강한 색이다. 그러나 그런 것 같지는 않다.

예컨대 다음 그림을 보자. 이 그림은 미국의 색채심리학자 파브르가 소비자 반응을 조사해 밝혀낸 것인데, 소비자들은 좌측 디자인에서 일반 세제의 느낌을 받

85
미국의 소비자들은 좌측 디자인에서는 일반 세제의 이미지를 우측 디자인에서는 강력한 살균 세제의 이미지를 느낀다고 한다.

지만 우측 디자인에서는 강력한 살균세제의 느낌을 받는다고 한다. 무엇이 두 디자인의 느낌을 유사하면서도 강도에서 차이가 나는 것으로 만들었을까? 그것은 그림에서 보듯이 우측 디자인에 있는 빨간색과 흰색, 청색의 밝기대비가 두 군데서 두드러지기 때문이다. 특히 빨간색의 밝기대비 효과가 큰데(그림 129 참조), 이는 빨간색이 강한 자극이라는 것을 보여주는 증거다.

이와 같이 자극의 강도가 각 감각기에서 무엇을 의미하는지에 대해서는 논란의 여지가 많다. 자극의 강도가 감각기 간의 공통 속성일 수 있다는 것은 공감각 연구의 한 성과임이 분명하다. 나머지는 앞으로의 과제로 남겨두어야 할 것 같다.

■■ 음악과 미술

소리와 색 혹은 색광(色光) 간의 관계를 연구했던 예술가나 학자들도 여럿 있지만 이들의 연구결과에서도 학습을 중시하는 입장과 신경학적 구조를 중시하는 입장은 엇갈린다.

예컨대 스크랴빈과 코르사코프는 특정한 음과 색의 연관을 다음의 표로 제시하고 있다. 그러나 그들의 데이터는 서로 일치하지 않다. 코르사코프는 F#는 정신적인 음이며 짙은 청색과 연합하고, C장조, F장조는 물질적인 음이며 적색과 연합한다고 믿었다. 그리고 이 3음과 색을 기본으로 다른 색감들의 음을 산출했다.

반면 스크랴빈은 음과 색의 복잡도에 근거해서 그 둘의 연합을 시도했다. 음의 복잡도는 변이음의 수가 많을수록, 색의 복잡도는 스펙트럼 상에서 적색으로 갈수록 복잡하다고 보았다.

이같은 차이는 아마도 이들이 갖고 있던 색청(color hearing)이 상이한 교육과정에 의해 계발되었기 때문으로 보인다. 음악가들은 자신이 속한 유파에서 또는 스승에게 지도를 받을 때 특정한 음조를 특정한 색이나 풍경 등과 연관시켜 상상력과 감수성을 최대한 끌어내도록 훈련받는다.

이런 식일 것이다. "E음은 높고 푸른 하늘 같은 평온함을 준다. 자, 눈을 감고

음을 들으며 푸른 하늘을 생각해봐."

이런 반복 훈련이 이들에게 나름의 색청을 갖게 했을 것이다. 그러나 스승에 따라 음과 색의 연합은 조금씩 달랐을 것이고 아래의 표에서 보듯이 두 작곡가 간에 차이가 생겨났다.

스크랴빈	코르사코프
C : 적색	흰색
G : 오렌지-핑크	갈색-금색, 가벼운 색
D : 노랑	일광, 노랑
A : 녹색	선명한 색, 핑크
E : 엷은 청색	청색, 사파이어, 밝은 색
B : 상동	금속성 짙은 청색, 우울한 색
$F^{\#}$: 청색, 밝은 색	회녹색
D^{b}: 보라	어두운 색, 따뜻한 색
E^{b}: 금속 광택이 나는 철강의 색	어두운 색, 우울한 색, 회색-푸르스름한 색
B^{b}: 상동	거무스름한 색
F : 빨강, 어두운 색	녹색, 푸른 잎들의 색

이런 차이점은 공감각이란 학습의 소산이며 학습되기 나름이라는 주장에 힘을 실어준다.

반면 미국의 그레이브스(M. Graves)는 배색 감성과 음조 간의 감성적 유사성을 주장하는데, 이는 학습 때문이라고 단정지을 수 없는, 모든 사람이 공유하는 보편적인 어떤 성질이 공감각에 있다는 인상을 준다.

그레이브스는 음악의 장단조에 빗대어 배색의 감성효과를 흥미로운 방식으로 정리한 바 있다. 경험적 연구를 통해 밝혀진 것은 아니지만 일상에서 느끼는 배색의 감성과 일치하는 주장이어서 매우 현실감이 있다. 그레이브스는 배색에서

86
그레이브스의 장단조 명암 조합법. 단조와 장조를 구분하는 배색의 특징이 밝기대비의 정도임을 알 수 있다. 가운데 있는 10단계 계조의 숫자는 각 색의 밝기 정도를 나타내는 것이다.

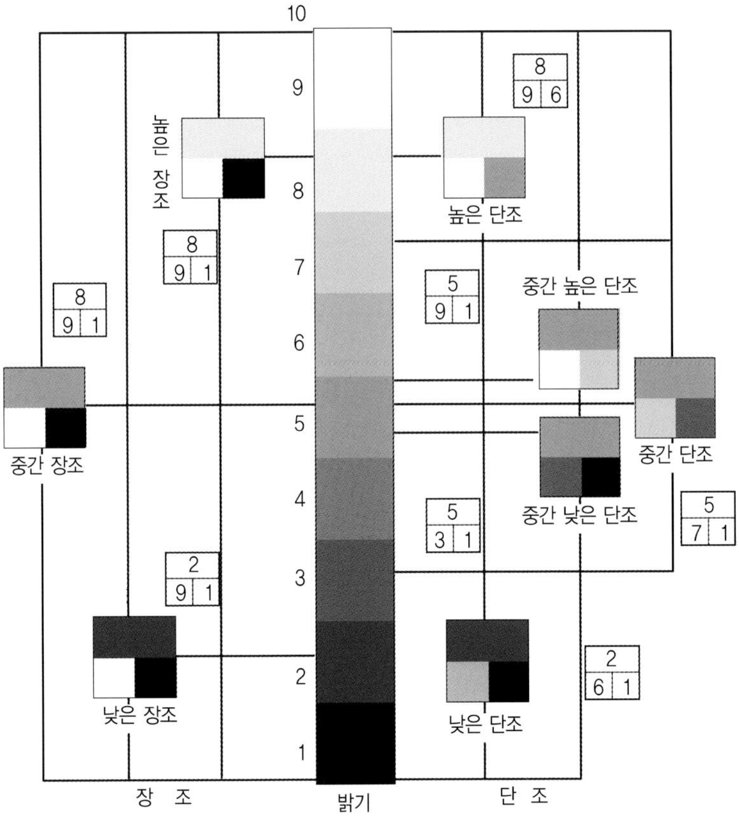

밝기관계가 색상보다 더 큰 감성효과를 갖고 있다고 생각한다. 그래서 배색의 밝기조합 방식을 음악의 장조와 단조에 빗대어 분류하고 각 밝기조합을 장단조의 감성효과에 대응시킨다.

그림 86은 이를 정리한 것이다. 그레이브스가 분류한 밝기조합 방식은 3색 배색만을 대상으로 한 것인데 3색 가운데 한 색은 다른 두 색을 합한 크기다. 이 큰 색면의 밝기는 음조로 치면 전체적인 높이를 결정한다. 다시 말해 큰 색면의 밝기가 선명하면 높은 음의 효과를 내고 어두우면 낮은 음의 감성효과를 낸다고 한다. 3색 간의 밝기대비는 음악의 장단조를 결정하는 효과가 있다고 한다. 3색 간의 밝기대비가 크면 음악에서 말하는 장조배색이 되어 밝고 경쾌한 감성을 준다.

3색 간의 밝기대비가 작은 경우 단조배색이라 한다. 이 역시 단조 음악과 마찬

높은 장조	적극적임, 활기참, 명랑함, 쾌활함, 세속적임
높은 단조	우아함, 섬세함, 애수적임, 여성적임
중간 장조	남성적임, 강함, 풍요로움, 솔직함
중간 단조	사랑스러움, 환상적임
낮은 장조	위엄, 중후함, 역동적임
낮은 단조	음울함, 무시무시함

가지로 슬프고 느린 감성을 느끼게 한다. 장조 조합과 단조 조합은 각기 높은·중간·낮은 장단조로 나뉜다. 음악에서 그렇듯이 얼마든지 이보다 더 세밀하게 나눌 수 있다.

이 그림에서 가운데 10단계 계조에는 각기 번호가 붙어 있다. 이 번호를 기준으로 감성 공간에 배치되어 있는 밝기조합들을 보면 장조는 밝기차이가 16 정도 되고(3색 간의 밝기차이를 더한 것) 단조 조합은 밝기차이가 8 정도 된다.

여기서 주목할 만한 게 두 가지 있다. 첫째는 색의 밝기와 음의 높이가 시각과 청각 간에 존재하는 공통된 감각 속성이라는 것이다. 앞서 지적했듯 마크는 감각기들 간의 공통된 속성으로 '자극의 강도'를 거론하며 자극의 강도는 청각으로는 음의 높이와 크기에 해당되고 시각에서는 밝기라고 했다.

■■ 경쾌한 배색, 경쾌한 음악, 경쾌한 운동

다른 한 가지는 밝기대비의 정도가 장조와 단조를 가른다는 것이다. 여러분이 잘 알다시피 장조는 경쾌한 느낌을 주고 단조는 느리고 슬픈 느낌을 주는 것으로 알려져 있다. 여기서 경쾌한 느낌이란 무엇을 말하는가? 움직임에 대한 인상을 말하는 것이다. '경쾌한 걸음걸이'라는 표현에서 보듯 적당히 빠르고 통통 튀는 듯한 느낌을 주는 인상이다. '경쾌한 복장'은 그런 움직임을 줄 것 같은 복장을

87
싱글에 비해 콤비를 입은 사람이 더 캐주얼하고 경쾌한 느낌을 준다는 것은 패션의 상식이다.

말한다.

언뜻 듣기에 청각을 통해 이런 경쾌한 느낌을 전달받는다는 것은 매우 당연한 일로 보인다. 그러나 곰곰이 생각해보면 그렇지 않다. 예컨대 경쾌하기로 유명한 「젓가락 행진곡」을 듣는다고 생각해보자. 전체적으로는 높은 듯한 음의 높낮이가 지속적이고 빠르게 변하는 게 이 곡의 중요한 특징이다. 음의 높낮이가 계속 변하지만 그 음폭의 크기는 중간 정도일 뿐이다. 만약 전체적인 음의 높이가 낮고 그래서 음의 높낮이 변화의 폭이 지금보다 좁아진다면 경쾌한 느낌을 주기는 힘들 것이다. 청각이야기는 이쯤에서 잠시 접어두고 색채로 가보자.

그레이브스는 장단조 명암조합법에서 장조배색들은 단조배색에 비해 밝기대비가 크다는 공통점이 있다고 말한다. 장단조, 다시 말해 경쾌함과 느림을 가르는 배색의 중요한 특징이 밝기대비인 것으로 보인다. 앞서 예로 든 경쾌한 복장

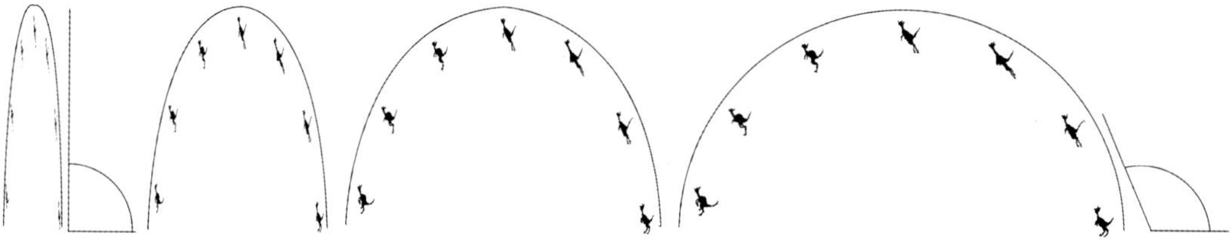

캥거루의 도약각

임팔라의 도약각

으로 이를 생각해보자.

그림 87에서 보는 것처럼 상의와 하의에 밝기대비가 크도록 코디를 하면 좀더 젊고 경쾌한 느낌을 준다고 한다. 반면 싱글은 점잖은 느낌을 준다. 경쾌한 느낌의 핵심 요인은 상하 간의 밝기대비로 보인다. 앞서 「젓가락 행진곡」의 경우에는 음 높낮이의 변화폭이 경쾌한 느낌의 핵심 요소로 보인 것처럼 말이다. 다시 말해 음 높이의 반복되는 대비가 경쾌한 느낌을 준다는 말이다.

음 높이의 대비와 밝기의 대비, 다시 말해 자극의 어떤 속성 간의 대비가 주는 효과가 경쾌한 느낌이라고 할 수 있다. 그렇다면 왜 대비가 경쾌한 느낌을 주는 것일까? 경쾌한 느낌은 본디 움직임에서 오는 것이니 경쾌한 느낌을 주는 움직임을 한번 살펴보자. 필자가 생각하기에 동물의 움직임 가운데 가장 경쾌한 것은 사바나를 가로지르는 임팔라 같은 영양의 질주와 점프다. 임팔라의 경쾌한 점프와 비교되는 것이 캥거루의 점프다. 점프력이 좋은 캥거루이지만 어쩐지 캥거루의 점프는 임팔라만큼 경쾌해 보이지 않는다.

두 동물의 점프에는 어떤 차이가 있기에 이런 느낌의 차이가 생기는 것일까? 그림에서 보는 것처럼 캥거루의 점프는 임팔라의 점프에 비해 진행 방향과 점프 방향 사이의 각도 차이가 크다. 캥거루는 진행 방향과 거의 60도 가까운 방향대비를 보이며 점프를 하는 데 반해 임팔라는 30도 안팎으로 보인다. 참고로 넓이

88
진행 방향과 도약 방향 사이의 각도를 도약각이라고 한다. 도약각이 30~40도 정도일 때 가장 경쾌한 느낌을 주는 것 같다.

뛰기 선수들의 도약각은 약 15도 정도 된다고 한다.

진행 방향과 점프 방향의 차이가 임팔라와 비슷한 30~40도 정도에서는 경쾌한 느낌을 주는 데 반해 그 각도가 지나치게 커지면 경쾌한 느낌이 약해지는 것 같다. 묘한 일치가 배색의 감성에서도 발견된다. 흰색과 검은색처럼 두 색 간의 밝기대비가 극단적으로 크거나 유사할 경우보다는 청색과 검정 배색처럼 밝기대비가 분명하면서도 검정, 흰색 사이보다는 크지 않을 때 가장 경쾌한 느낌이 드는 것 같다. 음악의 경우에도 비슷하리라 짐작되지만 음악에 문외한인 필자가 이야기하기는 적절치 않은 듯하다.

자, 이제 이야기를 정리하자. 배색과 음악, 움직임 사이에 이런 공통 속성이 있고 이것이 공감각적 경험을 일으킨다는 가정이 지금껏 살펴본 것처럼 가능하다.

그렇다면 두 가지 논점이 나오는데 하나는 이런 감각기들 사이에 서로 공유되는 감각 속성은 무엇인가 하는 것이다. 마크는 '자극의 강도'를 제시했지만 그밖에 무엇이 있는지 분명히 밝혀야 한다. 이 논점은 공감각에 대한 연구가 미술이나 디자인 분야와 만나는 접점이 될 수 있다는 실용적 관점에서도 중요하다. 다른 하나는 이런 공통 자극 속성들이 뇌의 어디에서 어떤 방식으로 감각기들 간에 공유되는가 하는 것이다. 공감각이 학습에 의한 것만은 아니라는 사실을 입증하는 데 결정적일 수 있는 이 부위를 치토윅은 해마라고 하고 어떤 이는 TC라고 한다. 이는 앞으로 신경심리학이 밝혀야 할 과제이다.

10

피카소, 이 한 장의 소묘

파블로 피카소! 20세기 최고의 화가. 특이하게 어머니의 성을 딴 피카소는 미술교사였던 아버지 블라스코의 소묘 솜씨를 10세에 이미 능가했다고 한다. 필자는 대학 시절 서양미술사 시간에 그의 소묘에 대한 칭송을 처음 들었다. 이는 피카소가 소묘 능력이 그리 필요해 보이지 않는 추상화가라는 사실과 묘한 대비를 이루었다. 당시에는 소묘 솜씨가 대단했던 피카소가 그 재능을 포기하고 추상화를 그렸다는 사실이야말로 추상화의 가치를 증명해주는 것이며, 화가에게 소묘력은 중요하지 않다는 생각을 하기도 했다.

그러나 한편으로는 피카소의 소묘 솜씨가 정말로 대단한 것일까? 하고 의심했던 것도 사실이다. 그 당시도 그렇고 그후에도 피카소의 소묘를 여러 차례 감상할 기회가 있었지만 대체 무엇을 보고 그리 찬탄하는지 알 수가 없었다. 도리어 과장된 신화가 아닌가 하고 의심하기도 했다. 그러나 지금은 그렇지 않다. 피카소의 소묘가 예사롭지 않으며 그의 비구상작품들과 소묘는 맥이 서로 닿아 있고 소묘가 발전해 추상에 이르렀다는 것도 알게 되었다.

89
파블로 피카소, 「화가와 모델」, 1931. 발자크의 『알려지지 않은 걸작』의 삽화.

1931년 작 「화가와 모델」은 그 어떤 소묘작품보다도 뛰어날 뿐만 아니라 그의 모든 예술세계를 설명한다고 생각한다. 여러분의 눈에는 어떤가? 그의 예술세계가 보인다는 것은 차치하고 아름답다는 평에 동의할 수 있는가? 사실 얼마전까지만 해도 필자 역시 이 소묘의 아름다움에 그리 주목하지 못했다. 소묘치고는 형태가 비교적 단순화되어 있지만 골격이나 근육이 대체로 정확하다는 점 말고 그리 눈에 띄는 것은 없었다. 이 정도의 소묘는 웬만한 미술대학생이면 누구나 그릴 수 있을 것으로 보였다. 그러나 이제는 그렇지 않다. 왜 이 소묘가 그리도 아름다운지 알기 위해서는 잠시 피카소를 떠나야 한다.

■■ 미키마우스의 변천

디즈니의 만화 주인공 미키마우스를 보자. 그림 90의 오른쪽은 초기의 미키마

90
〈미키와 증기선〉(1928년경)에 등장하는 미키마우스와 현재 '디즈니랜드'에서 사용중인 미키마우스. 긴 세월만큼 미키의 얼굴에도 많은 변화가 있다.

우스이고 왼쪽은 최근 것으로 수십 년의 시간 차가 있다. 여러분이 보기에 어느 것이 더 마음에 드는가? 물어볼 필요도 없이 대부분의 사람들은 최근 것이 더 좋다고 한다.

이렇게 세월이 가며 캐릭터의 형태가 점차 세련되어가는 모습은 주변에서 종종 볼 수 있다. 수명이 긴 대부분의 만화 주인공들은 보는 이들이 의식하지 못하는 사이에 조금씩 형태가 변한다. 우리 신문의 유명한 캐릭터인 고바우 등도 마찬가지다. 우연히 30여 년 전 신문에서 옛 고바우를 보고 당시에는 아무렇지도

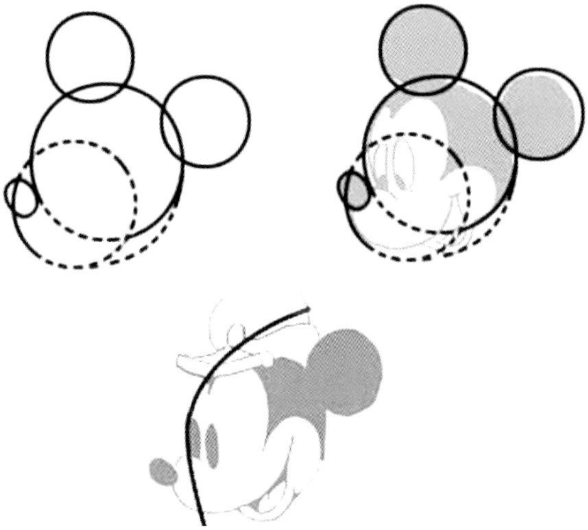

91
최근의 미키마우스는 불과 몇 개의 정원을 반복하여 기본적인 윤곽을 그릴 수 있을 만큼 그 구성방법이 단순하다.

않던 캐릭터들이 어딘지 서투르고 촌스럽다고 느낀 경험은 누구나 있을 것이다. 왜 이런 일이 일어나는 것일까?

신, 구 미키마우스를 비교해보면 그 답을 알 수 있다. 그림 91에서 맨 오른쪽 그림은 신 미키마우스의 전체 형태가 몇 개의 원을 반복함으로써 쉽게 만들어질 수 있다는 것을 보여준다. 크고 작은 원을 거의 연결하다시피 몇 번 반복한 후 점선 부분을 지우면 현재 보는 미키마우스의 전체적인 형태는 쉽게 완성된다.

이에 반해 초기의 미키마우스는 전체 형태의 구성원리를 쉽게 이해하기 어렵다. 특히 앞이마의 곡선은 어떻게 해서 나온 것인지 가늠하기도 힘들다. 미국의 화가 슈미드후버(Schumidhuber)는 미키마우스의 얼굴을 구성하는 원의 반복과 같은 구성원리가 그림의 아름다움을 결정하는 핵심 요인이라는 사실을 복잡도(complexity)라는 개념을 이용해 잘 설명하고 있다.

화가는 그림을 그리기 전 무엇을 어떤 방식으로 그릴지 마음속으로 계획을 세운다. 예컨대 속도감을 살린 몇 개의 직선만을 이용해 먹잇감을 향해 달려드는 호랑이를 그리기로 마음먹었다고 하자. 이때 상치되기 쉬운 두 가지 조건을 충족시켜야 한다. 우선 달려든다는 느낌과 호랑이라는 동물을 정확히 표현해야 하고, 다른 하나는 그 그림을 가급적 단순한 방식으로 구성해야 한다는 것이다.

이 경우 몇 개의 선만으로 무엇인가를 향해 달려드는 호랑이를 표현한다고 했으니 단순성을 확보하기는 그리 어려울 것 같지 않다. 그러나 단순성을 확보하는 대신 자칫하면 호랑이가 아닌 늑대 같은 다른 맹수로 오인될 가능성은 커진다.

92
호랑이처럼 보이려 하면 할수록 복잡도는 높아진다. 적정한 복잡도 수준을 확보하는 것은 바로 그림의 아름다움과 직결된 문제이다.

커다란 포식동물이 먹잇감을 덮치는 자세는 대부분 비슷하고 차이가 있다고 해도 보통사람들이 그것을 알기는 어렵다. 그래서 늑대로 오인되지 않도록 하기 위해서는 호랑이의 둥근 얼굴이나 세로줄무늬 등 가급적 많은 특징들을 표현하는 것이 유리하다. 그러나 자칫 잘못 표현하면 몇 개의 선만으로 속도감 있는 호랑이를 그리겠다는 애초의 의도를 살리기 어렵다. 요약하면 단순성을 살리면 호랑이라는 것을 알리기 어렵고, 반대로 호랑이를 확실히 표현하기 위해 묘사하면 할수록 단순성은 사라진다는 말이다.

미키마우스의 경우라면 "귀엽고 똑똑한 의인화된 쥐"라는 디즈니의 의도를 정확히 전달할 수 있게 그려야 하며, 동시에 그 구성원리가 가급적 간단해야 한다는 얘기다. 실제로 월트 디즈니는 가급적 미키의 캐릭터를 단순하게 그리려 노력했다고 하는데, 매주 200미터 분량의 애니메이션용 원화를 그려내자면 그리기 복잡해서는 곤란하기 때문이었다.

이유야 어찌되었건 디즈니가 유명해지기 전, 구석진 다락방에서 빵가루로 불러 모은 집쥐들을 관찰하며 그린 수많은 스케치는 바로 이 두 구성원리의 밸런스를 터득하기 위한 기간이었다고 해도 과언이 아닐 것이다. 수많은 습작에는 귀엽지만 쥐가 아닌 것처럼 보이거나 쥐처럼 보이지만 귀엽지 않은 것들로 가득했을 것이다. 하여간 세상에 처음 선보인 미키마우스는 이 둘 사이의 균형을 나름대로 맞춘 상태였을 것이다. 그리고 세월이 가며 자연스럽게 미키는 조금씩 수정되어 두 기준 사이의 균형은 거의 완벽한 상태에 도달하게 된다. 구성원리가 최대로 단순해졌다는 말이다.

■■ 프랙탈과 그림의 구성원리

미키마우스의 경우뿐만 아니라 모든 그림은 자칫하면 묘사가 장황해지고 구성원리가 복잡해지기 쉽다. 왜냐하면 대상을 정확히 표현하는 데 집착하기 때문이다. 슈미드후버는 이와 같은 구성원리의 단순성, 역으로는 복잡성과 아름다움의

93
규칙 1과 2를 적용하면 이런 자기유사성 도형이 그려진다. 각 정원의 원주에는 반경이 동일한 정원의 중심이 6개 있다. 최초의 정원(둥근 틀) 밖에 있는 부분들은 여기서는 보이지 않는다. 마찬가지로 최초 정원 반경의 1/16 이하 반경을 가진 원도 여기서는 보이지 않는다.

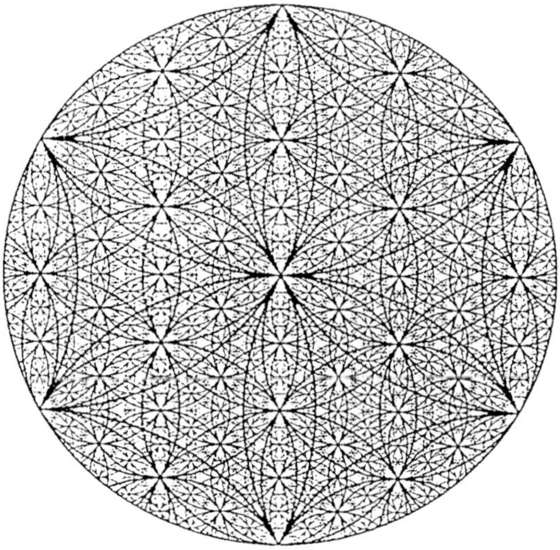

관계를 프랙탈(fractal) 구조를 이용해 설명한다. 프랑스의 수학자 만델브로트(B. Mandelbrot)가 처음 사용한 이 말은 부분이 전체와 같은 자기유사구조(自己類似構造)를 무한히 반복하는 구조를 뜻한다. 예컨대 나뭇잎의 가장자리 모양을 보면 그 나무의 전체적인 윤곽과 유사하고 크게는 그 나무들이 모여 형성한 숲의 윤곽과도 유사한 경우가 있다. 작은 것의 모양이 큰 것에서도 반복되는 구조, 바로 이것이 프랙탈이다.

나뭇잎의 예에서 보듯 가장 기본이 되는 도형을 특정한 방식으로 반복시키면 반복 횟수에 따라 동일한 형태가 더 크게 나타난다. 이 기본적인 도형을 원(原)도형이라 하자. 그림 93은 원도형이 원(圓)인 경우다.

이 그림과 달리 원을 특정한 방식으로 반복하면 이론적으로는 무엇이든 원하는 형태를 만들어낼 수 있다. 그림 94는 원을 반복하여 여인의 옆 얼굴을 그린 것이다. 반복은 몇 가지 규칙을 조합하는 방식으로 이루어진다. 예컨대 아래와 같은 6개의 규칙이 있다고 하자.

규칙 1. 두 개의 정원(正圓)이 만나거나 교차하는 점에서는 이 점을 중심으로 같은 직경의 또다른 정원을 그린다.

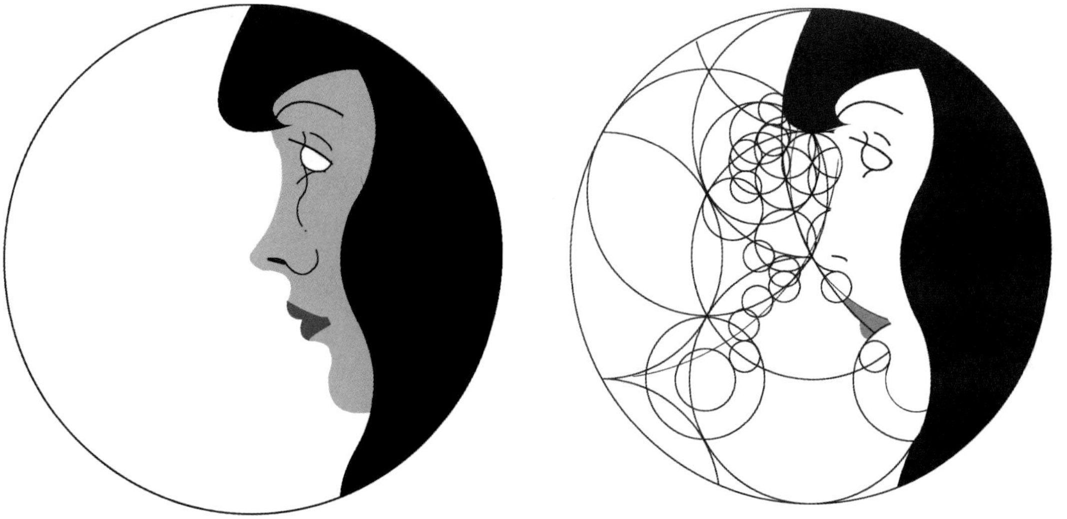

94
규칙 1에서 6까지를 적용하여 필요 없는 선을 지워 그린 여인의 옆 모습.

규칙 2. 모든 정원 안에는 중심이 같고 반경이 1/2인 또다른 정원을 그린다.

규칙 3. 정 아크(arc)는 정원의 분할 면이다.

규칙 4. 정 아크의 양 끝점은 일부 정원의 직경과 같아야 한다.

규칙 5. 정 아크의 폭은 어떤 정원의 직경과 같아야 한다.

규칙 6. 정 에리어(area)의 경계(윤곽)는 정 아크의 닫힌 고리형이어야 하며 작은 회색으로 음영화될 수 있다.

이 6개의 규칙을 특정한 순서로 조합해 반복하면 원하는 그림을 만들 수 있다. 이 규칙의 조합방식, 즉 구성하는 방법을 컴퓨터 프로그램으로 치면 알고리듬과 같은 것이라 비유할 수 있다.

■■ 피카소의 소묘, 그 단순한 구성

그림을 구성하는 방법, 알고리듬을 쉽게 추론할 수 있는 경우가 있고 그러지 못할 경우가 있다. 앞서 본 미키마우스의 초기 형태는 그 알고리듬을 알기 어려운 경우이고 최근 것은 쉽게 알 수 있는 경우다. 이와 같이 사용된 알고리듬을 추론해내는 것은 알고리듬의 길이가 길수록 어렵고 길이가 짧다면 쉬워진다. 그래서 슈미드후버는 알고리듬의 길이가 긴 것은 복잡도가 높고 짧은 것은 복잡도가 낮다고 했다.

이런 점에서는 피카소의 소묘도 마찬가지다. 피카소는 단순히 대상의 구조적 특징을 재현해내는 데 급급하지 않았다. 대상의 특징을 충실히 살리면서도 그림의 전체적인 구성방식을 누구나 쉽게 알 수 있도록 노력한 것으로 보인다. 다시 말해 알고리듬이 짧다는 것이다. 피카소의 그림이 언뜻 보기에 쉬워 보이는 까닭은 여기에 있고, 그럼에도 실제로 그려보면 쉬운 그림이 아닌 까닭은 웬만한 화가는 엄두도 내기 어려운 구성방식의 단순화를 추구했기 때문이다.

아래 그림은 피카소 소묘의 구성방식이 얼마나 단순한지 가늠하기 위해 필자가 추론해본 것이다. 등을 보이고 앉아 있는 피카소의 얼굴과 등의 곡선, 양 어깨의 선이 몇 개의 기하학적 도형으로 쉽게 구성될 수 있음을 알 수 있다. 얼마나 단순한가! 절로 감탄이 나올 정도다. 그리고 화가가 화판 위에 그리고 있는 기하

95
화가의 두상은 타원과 수직선으로 단순화할 수 있다. 목덜미도 마찬가지로 좀 작은 타원의 곡선으로 단순화할 수 있다. 이런 단순한 기하학적 도형들이 화가의 캔버스 위에서도 반복되고 있다. 피카소는 이렇게 복잡 다양한 사물의 형태를 단순화할 수 있는 형태의 탐구에 몰두한 것으로 보인다.

96
네모난 몸통에 긴 막대를 꽂은 듯한 얼굴과 목의 표현 방식이 너무나 쉽게 드러난다. 이 그림의 묘미는 이런 단순한 방식으로 복잡한 인체를 표현했다는 점이다.

학적인 도형들과 얼마나 유사한가! 그가 큐비즘 작품을 통해 추구했던 것들이 이 그림에서 이미 시작되었다는 생각이 들지 않는가?

가급적 단순한 구성방식으로 사물을 재현하려는 노력은 그의 여러 작품에서 일관되게 나타나는 특징인데, 1900년 작 「수탉」 역시 마찬가지다. 그림 96에 묘사된 인물과 풍경 역시 그 구성방식이 얼마나 단순한지 여러분들도 쉽게 알아차릴 수 있을 것이다.

그렇다면 왜 구성방식이 단순할수록 그림은 아름다워지는 것일까? 슈미드후버는 알고리듬 길이의 최소치를 MDL(최소양식 묘사 길이/Minimum Description Length)라고 했다. 이 MDL이 좋은 양식(style), 아름다운 그림을 만드는 핵심요소라는 것이 슈미드후버의 생각이다.

우리가 어떤 그림을 본다고 하자. 먼저 색이나 밝기, 윤곽 등 그림의 시각적 특징이 우리의 뇌에 입력된다. 그 다음 입력된 시각정보를 '저것은 무엇이다' 라는 식으로 표상하게 된다. 당연한 것처럼 보이는 이 과정이 그리 단순치 않음을 다음의 두 그림을 통해 알 수 있다. 하나는 사진이고 다른 하나는 연필화이다.

97
왼쪽 사진과 오른쪽 스케치의 모델이 동일한 인물이라는 것은 누구나 알 수 있다. 하지만 두 이미지의 지각적 특징은 완연히 다르다. 우선 왼쪽 사진은 배경과 얼굴 피부의 밝기 차가 크지만 스케치에서는 배경과 피부의 밝기가 동일하다.

두 그림은 같은 사람을 표상하고 있지만 시각적 특징은 매우 다르다. 우선 오른쪽 스케치는 선으로 윤곽을 표현하고 있지만 왼쪽 사진은 배경과의 밝기변화를 통해 표현돼 있다. 그리고 스케치는 여러 개의 빗금으로 명암을 표현하고 있다. 대부분의 사람들은 오른쪽 스케치를 보고 누구를 그렸는지 쉽게 알아낼 수 있다. 적어도 남자 얼굴이라는 것은 분명히 알아낸다. 다시 말해 오른쪽 스케치를 입력 정보로 하여 왼쪽 사진을 유추해낼 수 있다.

98
빗금은 통상 표면의 굴곡이나 그림자를 표현하는 데 사용되지만 이 그림에서는 깃털의 결을 표현하고 있다.

99
스케치에서 명암을 표현하는 다양한 방법들.

스케치를 보고 사진과 같은 내적 표상을 표현해내기 위해서는 선으로 이루어진 스케치의 여러 특징들을 왼쪽 사진의 대응되는 부분으로 해석해내는 과정이 필요하다. 예컨대 오른쪽 스케치의 윤곽선 안쪽 공간은 배경과 같은 밝기이지만 왼쪽 사진의 경우 배경과 밝기 차가 크다. 얼굴 피부 역시 질적으로 매우 다르며 펜그림의 코나 턱의 빗금들은 얼굴의 굴곡이라는 것을 해석해내야 한다. 이 과정에는 여러 개의 해석 가능한 대안 가운데 가장 적절한 것을 고르는 선택의 문제가 포함되어 있다. 예컨대, 일반적으로 연필 스케치에서 빗금은 이 인물 스케치에서 보는 것처럼 명암이나 표면의 굴곡을 표현하지만 어떤 그림에서는 앞의 깃털 펜 그림에서처럼 깃털을 이루는 작은 결들을 표현하기도 한다.

■■ 그림 감상은 확률놀이

빗금들은 그림에 따라 다양하게 해석될 수 있다. 앞서 본 배우 그림에서는 빗금을 여러 가지 가능성 가운데 얼굴의 굴곡을 표현하는 명암으로 해석했다. 명암으로 해석했다는 말은 우리가 스케치를 그린 특정한 사람이 그림을 그리는 방식,

다시 말해 구성하는 방식을 이해하고 있다는 말이 된다. 스케치에서 명암을 표현하는 방식은 여러 가지가 있다. 어떤 사람은 연필을 곱게 뭉개 표현하기도 하고 작은 연필 터치의 밀도변화를 통해 표현하기도 한다.

명암을 표현하는 방식이 다르면 그림의 전체적인 구성방식이 다를 가능성도 크다. 그러므로 빗금을 굴곡으로 이해했다는 것은 전체적인 구성방식을 이해했다는 말이 된다. 따라서 그림을 감상한다는 것은 해석 가능한 여러 대안 가운데 무엇을 선택했는가 하는 확률의 문제와 밀접하게 관련된다. 이 과정을 수학적으로 기술해보자.

여기서 특정한 내적 표상을 s(얼굴의 굴곡으로 보는), 표상 가능한 대안들의 집합을 S(얼굴의 굴곡, 깃털의 올 등)라 할 때 S에서 s를 선택할 확률은 C라는 알고리듬에 의해 달라질 수 있다. 그리고 C라는 알고리듬을 사용할 때 s로 표상할 수 있는 확률은 P(s|C)로 표현할 수 있다. 이 확률은 베이즈(Bayes)의 정리에 따라 P(s) P(C|s)/P(C)가 된다.

$$P(s|C) = \frac{P(s)P(C|s)}{P(C)}$$

이 공식에 Log를 취하면

−Log P(s|C) = −Log P(s) − Log P(C|s) + Log(C)가 되어 상수 Log(C)를 무시할 수 있다(여기서 C는 거의 고정되어 있는 것이므로 상수로 간주할 수 있다).

Log P(C|s)는 s가 표상될 때 C라는 알고리듬이 사용됐을 확률이므로 지각된 대상 혹은 입력된 데이터에서 C(그림이 그려진 방법)를 역산하는 데 필요한 정보로 볼 수 있다. Log P(s)는 S의 확률분포 중에서 s의 확률이다. 문제를 단순화하기 위해 이 확률분포가 균등하다고 할 때 입력데이터 s에서 C를 역산해내는 데 필요한 정보가 최소화된다면 입력데이터, 즉 Log P(C|s)가 최대가 되면 그림 s는 최적화된다. 다시 말해 s로 지각될 확률이 가장 크면서도 복잡도는 낮은 경제

적인 그림이 된다. 그리고 아름답게 느껴지게 된다고 한다.

종종 이 구성방식을 이해하지 못해 무엇을 그린 것인지 모르는 상황이 생긴다. 예컨대 투시도법을 이해하지 못하는 원시 부족이 연못가에 그려진 나무들이 물속에 있다고 이상해한다는 에피소드나 동화책 일러스트레이션의 구성방식을 이해하지 못하는 어린이들이 고개를 갸우뚱하는 것이 모두 이런 경우에 해당된다.

이런 일은 원시 부족이나 어린이들에게서만 일어나는 게 아니다. 정도의 차이가 있을 뿐이지 전문적인 화가들도 경험할 수 있는 일이다. 이런 광경을 상상해 보라. 동료화가의 아틀리에에 놀러 간 화가가 새로운 스타일로 그림 그리는 동료를 보고 "도대체 뭘 그리는 거야?" 하고 묻는 상황을. 대답 없이 묵묵히 그림만 그리는 친구 앞에서 그림이 어느 정도 완성될 무렵에야 화가는 "아하! 그걸 그리고 있었군" 하고 자답을 하게 된다.

이 상황은 무엇을 말하는가? 동료의 옛 스타일에 익숙해 있는 화가는 새로운 스타일, 다시 말해 새로운 구성방식을 이해하지 못해 완성될 그림을 예측하지 못한 것이다.

이렇게 새로운 구성방식에 익숙하거나 그렇지 않은 것이 그림의 아름다움에 얼마나 큰 영향을 주는지를 보여주는 역사적인 사례가 바로 인상주의 화가들에 대한 당대의 반응이었다. 인상주의 화가들의 새로운 구성방식에 익숙해진 후대의 평가와 당시의 평가가 엇갈리는 것은 슈미드후버의 관점에서는 당연한 것이다. 특정한 구성방식에 익숙해진 감상자는 그와 유사한 방식으로 구성된 그림을 감상할 때 그렇지 않은 경우보다 필요한 정보량이 적다.

새로운 양식에 익숙해진다는 것은 새로운 코딩 알고리듬을 갖게 되는 거라고 슈미드후버는 말한다. 특정한 구성방식에 최적화된 코딩 알고리듬 C는 $P(C|S)$, 즉 특정한 그림들의 집합에서 C를 도출해낼 수 있는 확률을 최대화하는 것이다.

이해하기 쉬워진다는 말은 슈미드후버의 용어로는 코딩 알고리듬이 최적화되었다는 말이 된다. 특정한 양식에 대한 코딩 알고리듬을 최적화하기 위해서는 평이한 양식에 익숙해져 있는 알고리듬을 정교화해서 새로운 코딩 알고리듬을 만들어야 하는 것이다. 이를 수식으로 표현하면,

$$-\text{Log}\ P(C|S) = -\text{Log}\ P(S|C) + \text{Log}\ P(S) - \text{Log}\ P(C)$$가 된다.

여기서 Log P(S)는 S가 이미 눈앞에 주어져 있는 상수이므로 무시할 수 있다. -Log P(S|C)는 양식에서 역으로 그림의 지각적 특징들을 도출해내는 데 필요한 정보량이며 -Log P(C)는 특정한 양식을 감상자가 마음속에 규정하는 데 필요한 정보량으로 볼 수 있다. 그러므로 감상자의 양식에 대한 지식이 가장 중요한 변수다. 여기서 -Log P(S|C)와 -Log p(C)가 최소화될 때 C는 최적화될 수 있으며 좋은 양식이 된다.

그러므로 좋은 양식, 다시 말해 아름다운 스타일이 되기 위해서는 '무엇을 그린 것' 이라고 표상하기 위해 필요한 해석과정이 용이해야 한다는 뜻이 된다. 슈미드후버는 이 과정을 코딩 알고리듬을 이해하는 과정이라고 말했다. 코딩 알고리듬은 그 길이가 짧을수록 이해하기 쉬워진다. 이해하기 쉽다는 것은 복잡도가 낮다는 말이며 MDL이 짧다는 말이기도 하다.

이런 관점에서 보면 앞서 본 피카소의 소묘는 MDL이 무척 짧은 그림이 된다. 쉽게 말해 구성과정이 단순하고 그만큼 그림은 아름답게 느껴진다. 재현하려는 대상의 특징을 잘 살리면서 코딩 알고리듬을 가급적 짧게 하는 일. 그 일의 어려움은 고사하고 평범한 사람은 그런 게 있다는 것을 의식하기도 힘든 법이다. 피카소의 비범함이 여기에서 드러난다.

11

부딪치는 색상

필자의 미대 은사 중 한 분은 필자가 그리는 그림의 색채가 마음에 들지 않으면 대뜸 "이놈, 또 무당 속치마를 그리고 있네"라시며 나무라곤 했다. 무당 속치마가 어떻게 생겼는지 본 적은 없지만 대충 색상이 야하고 촌스럽다는 소리로 알아들었다. 생각해보면 무당의 옷이 현란하다 하여 속옷까지 현란하지는 않을 것이지만 그 시절에는 그렇게 알아들었다.

필자도 이제는 강단에서 학생들을 가르치는 입장이 되었지만 그 은사님처럼 확신에 찬 목소리로 잘못된 배색을 나무라지는 못한다. 교육 방법이 달라서 그런 것은 아니고 요즘은 색감이 과거와는 비할 수 없이 다양해져 절대적으로 이것은 옳고 저것은 그르다고 말하기 어려워졌기 때문이다.

그래도 반드시 짚고 넘어가는 것이 있다. 특정 배색의 좋고 나쁨을 말하는 것이 아니고 그 배색이 주는 심미적, 심리적 효과를 설명해주는 것이다. 각자 취향에 따라 남들이 싫어하는 배색을 좋아할 수는 있지만 적어도 그 배색이 주는 심리적 효과는 이해하고 있으라는 뜻에서다. 그래야 대중들에게 어필할 수 있는 작품을 만들 수 있으니까.

꼭 설명하는 것이 색채 충돌이다. 색채 충돌 또는 보색(complementary color) 충돌이라고 한다. 색채 충돌은 두 색이 보색일 때 일어나기 때문에 그렇다. 단청에서 보듯 과거 우리의 색감은 그렇지 않았지만 서구식 미술교육을 받은 현재의 우리들은 녹색과 적색, 청색과 노랑 같은 보색 배색을 피하도록 배웠다. 왜? 촌스러우니까. "왜 촌스러운데요?" 하고 한 번 더 물으면 그것은 매를 버는 일이었다. 사실 더 물을 필요도 없이 보색을 같이 사용하면 우리 눈에도 촌스럽고 지나치게 현란해 보인다.

이런 느낌 때문에 보색을 같이 사용하면 충돌이 일어난다는 말은 아주 자연스러운 문학적 비유로 들린다. 그러나 충돌이라는 말에는 나름의 심리학적 의미가 있다. 보색 충돌이라는 말을 본격적으로 사용한 사람은 크라이틀러(H. Kreitler)라는 미술심리학자다.

■■ 심리적 긴장과 호메오스타시스

보색 충돌을 논하기 전에 먼저 짚어봐야 할 것이 있다. 심리학에서는 호메오스타시스(Homeostasis)라고 하는 내적 평형 상태를 가정한다. 내적으로 균형이 잘 잡힌 안정된 상태를 말하는데 우리말로는 항상성 혹은 동질정체라 옮길 수 있다. 놀랄 만한 것을 보거나 들을 때 혹은 즐겁거나 무서운 어떤 사실에 접했을 때 이 안정된 상태가 깨질 수 있다. 예컨대 갑자기 아주 큰 소리를 들었다면 우리는 깜짝 놀라고 정신이 번쩍 들 것이다. 졸다가도 월드컵 대표팀이 한 골 넣었다는 소식을 들으면 잠이 확 달아난다. 이런 상태는 호메오스타시스가 깨진 상태다. 호메오스타시스가 깨지면 다시 안정된 상태로 되돌아오기 위해 정신적 에너지가 동기화된다. 이를 심리적 긴장이 유발된 상태라고 한다.

힘든 일을 할 때 근육이 긴장하듯 자극적인 그림을 보거나 소리를 들을 때 정신도 긴장한다. 화랑에 들어서는 순간 눈길을 확 잡아끄는 강렬한 그림이 있다.

100
이 사진은 흔히 볼 수 있는 교수 연구실 풍경이다. 당신이 이 연구실 문을 열고 들어선다면 무엇이 먼저 시선을 끌겠는가? 필자는 자주 드나들던 동료의 연구실에서 갑자기 눈에 띄는 새 포스터를 발견하고 이를 화제로 삼은 적이 있다.

이 순간 우리의 내적 평형 상태는 깨지고 심리적 긴장을 경험하게 된다. 화랑에서만 경험하는 것이 아니다. 거리에서 만나는 행인의 옷차림이나 편의점 진열대 위에 있는 상품을 볼 때도 비슷한 경험을 할 수 있다. 화랑에서의 경험만 이야기하라면 마티스의 그림이나 박생광의 그림을 봤을 때를 꼽고 싶다.

이들이 심리적 긴장을 유발하는 중요한 요인은 주로 배색 방식 때문이다. 색채는 심리적 긴장을 유발할 수 있는 가장 중요한 요소 중 하나다. 크라이틀러는 이런 색채를 긴장유발색채(tension-laden color)라 한다. 여기서는 자세히 소개하지 않았지만 그의 설명으로 미뤄보건대 긴장유발배색은 시인성(視認性)이 높은 색채를 사용한 경우를 말하는 것으로 보인다. 색채의 시인성은 대개 장파장일수록 높은 것으로 알려져 있다. 그 까닭은 망막에는 장파장을 담당하는 감광세포의 수가 가장 많기 때문이다.

긴장유발색채보다 더 주목해야 할 것은 긴장유발배색이다. 긴장유발배색(tension-laden color combination)은 두 색 이상이 함께 놓였을 때 심리적 긴장을 유발하는 배색을 말하며 배색을 구성하는 각 색들의 긴장유발 정도와는 다르다.

101
색상환의 원주거리를 기준으로 두 색 사이의 거리가 멀수록 긴장유발배색이 되기 쉽다.

하나의 색채가 단독으로 사용되는 경우는 거의 없으므로 미술이나 디자인에서의 심리적 긴장을 말하자면 당연히 긴장유발배색을 말해야 한다.

긴장유발배색의 유형을 파악할 수 있는 재미있는 실험이 있었다. 크라이틀러는 피험자 60명에게 다양한 2색 배색을 보여주고 심리적 긴장의 정도를 물었다. 그 결과를 간추리면 다음과 같다.

첫째, 두 색채의 밝기가 중간 정도일 때 긴장유발 정도가 큰 배색 285가지 가운데 약 83퍼센트가 보색 혹은 보색에 가까운 배색들이었다. 그리고 보색이 아니더라도 솔리드 수평 단면의 원주거리를 기준으로 멀수록 긴장이 커지는 것으로 나타났다. 밝기가 비슷할 때 색상 차이가 클수록 긴장유발 정도는 커졌다는 것이다.

둘째, 12퍼센트 정도는 두 배색이 서로 매우 비슷한 경우였다. 이런 경향은 앞

102
두 배색 모두 유사배색이다. 왼쪽 배색은 채도에서만 약간의 차이가 있고 오른쪽 배색은 색상에서만 차이가 있다.

103
긴장을 크게 유발하는 배색이다. 왼쪽 배색은 색상대비도 큰 편이다.

의 결과와 반대되는 것으로 두 색의 채도나 밝기와 상관없었다. 그림 102의 왼쪽에서 보는 것과 같이 밝기와 색상이 동일하지만 채도에서 약간의 차이가 있는 경우나 오른쪽 것처럼 밝기와 채도는 동일하지만 색상에 약간의 차이가 있는 경우가 여기 해당된다. 물론 채도, 밝기, 색상의 3차원에 걸쳐 모두 약간의 차이가 있는 경우는 말할 것도 없다.

셋째, 색상과 상관없이 밝기대비가 크면 심리적 긴장이 커지는 것으로 밝혀졌다. 그러나 앞의 두 경우에 비해 그 효과는 적었다. 그림 103에서 보는 것처럼 저채도 색상일지라도 밝기대비가 크거나 오른쪽에서 보듯이 무채색의 밝기대비가 큰 경우도 여기에 해당된다.

넷째, 색상과 밝기가 동일한 조건이라면 채도가 높을수록 그리고 색면 간의 경계가 선명할수록 긴장을 유발하는 정도는 커졌다.

104
색상대비가 크더라도 색면의 경계가 부드러우면 긴장은 그만큼 이완된다.

이 결과를 간단히 요약하면 1) 채도가 높고 색상대비가 큰 배색 2) 서로 매우 유사한 배색 3) 밝기대비가 큰 배색 4) 색면의 경계가 선명한 배색들이 심리적 긴장이 큰 배색의 특징들이었다. 필자가 미대 시절 꾸지람을 들었던 촌스러운 배색은 대개 보색대비가 큰 경우 아니면 밝기대비가 지나치게 큰 경우에 해당한다. 필자의 은사는 "무당 속치마 색"이라고 했지만 대개의 미술가들은 "색이 너무 튄다"거나 "너무 강하다"고 이야기한다.

바로 이런 대비가 큰 색, 특히 보색대비인 경우를 크라이틀러는 "색채가 충돌한다"고 했다. 크라이틀러 식으로는 큰 심리적 긴장을 유발하는 배색, 우리는 보통 촌스러운 배색 혹은 너무 튀는 배색이라고 말하는 것들이다. 그러니 촌스럽다는 미적 판단의 배후에 심리적 긴장을 피하려는 마음이 작용한다고 볼 수 있게 된다.

왜 이런 느낌의 차이가 생기는 것일까? 왜 보색대비나 지나치게 유사한 색상에서 심리적 긴장이 커지는 것일까? 먼저 보색이 무엇인지 살펴보자.

105
컬러 솔리드의 단면. 컬러 솔리드의 단면을 놓고 볼 때 서로 마주하는 색들이 보색이다.

쉽게 말해 보색은 색상환에서 서로 마주보고 있는 색상을 말한다. 그림 105와 같은 컬러 솔리드로 보면 중심을 지나 마주보는 색을 말하지만 마주보는 모든 색을 말하지는 않고 채도가 높은 경우에 한한다. 솔리드의 중간보다 높거나 낮은 횡단면에서의 보색은 밝기가 낮거나 채도가 낮아 원래의 색상이 가진 인상을 잃어버리기 때문이다.

이 보색은 색채학자들이 임의로 이름 지은 심리적 인상이 아니라 분명한 신경생리학적 기반을 갖고 있다. 빛이 망막에 있는 원추체(cone) 모양의 감광세포에 닿으면 파장에 따라 세 종류의 감광세포들이 활성화된다. 감광세포는 장파장, 중파장, 단파장에 각기 민감한 세 종류가 있다. 장파장 담당 세포는 약 650나노미터에서 500나노미터 정도의 파장에 민감하며 이 정도의 파장에 해당하는 색감은 적색조라고 생각하면 된다. 중파장을 담당하는 세포는 600나노미터에서 400나노미터의 파장에 민감한데 장파장을 담당하는 세포와 많이 중복된다. 단파장을 담당하는 세포는 500나노미터에서 400나노미터 정도의 파장에 민감하며 단파장은 청색조다. 중파장은 그 중간쯤의 색이라고 보면 된다.

망막에서는 이렇게 장 · 중 · 단파장 담당 세포의 상대적 활성화를 통해 색채를

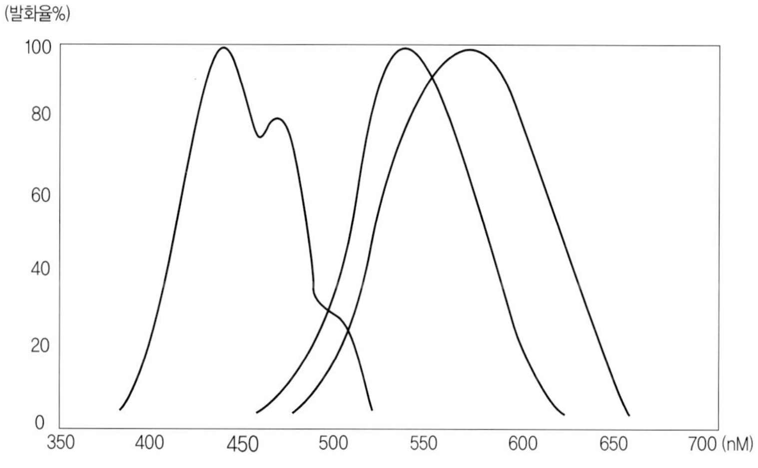

106
망막에 있는 세 종류의 감광세포들이 파장에 보이는 반응. 중파장을 담당하는 세포와 장파장을 담당하는 세포의 반응 주파수가 많이 중복됨을 알 수 있다.

107
망막에서 신경절, 시신경 교차를 거쳐 측면슬상핵을 통과한 다음 대뇌 뒤쪽에 있는 시각피질에 이르는 시각통로.

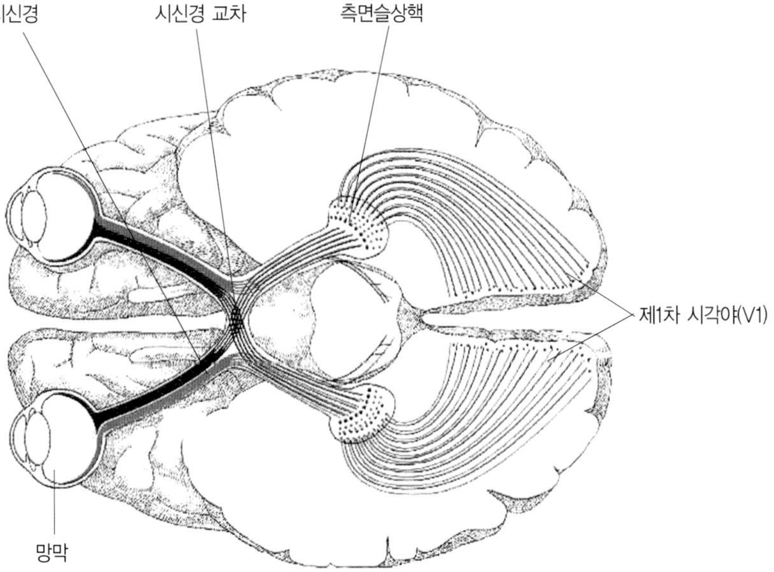

부호화하지만 망막 다음의 시각통로인 LGN(측면 슬상핵)에서는 다른 방식으로 부호화한다.

러셀 드발루아는 원숭이의 LGN에서 스펙트럼의 한쪽 빛에 대해서는 흥분하고 다른쪽 빛에 대해서는 자발적 활동을 억제하는 네 종류의 세포를 발견한 바 있다. 이 네 가지 세포의 자발적 활동이 그림 108에 제시되어 있다. B+Y-는 파랑에는 흥분하고 노랑에는 자발적 활동을 억제한다는 뜻이며 G+R-는 녹색에는 흥분하고 빨강에는 억제, R+G-는 빨강에 흥분하고 녹색에서 억제, Y+B-는 노랑에는 흥분하고 파랑에서 억제가 일어난다는 뜻이다. 같은 표시가 되어 있는 칸들을 비교하면 쉽게 이해할 수 있다.

LGN뿐만 아니라 대뇌 시각피질에서 색채 정보를 부호화하는 방식도 이와 비슷하다. 시각피질에는 그림에서 보는 것과 같은 이중대립세포라는 것이 있다. 이 세포의 수용장의 중심부는 R+G-반응을, 주변부는 R-G+반응을 한다. 이 세포는 길항하기 때문에 이중대립세포라고 불리는데 중심부와 주변부 가운데 어디가 자극을 받았느냐에 따라 반대 반응을 보이기 때문이다.

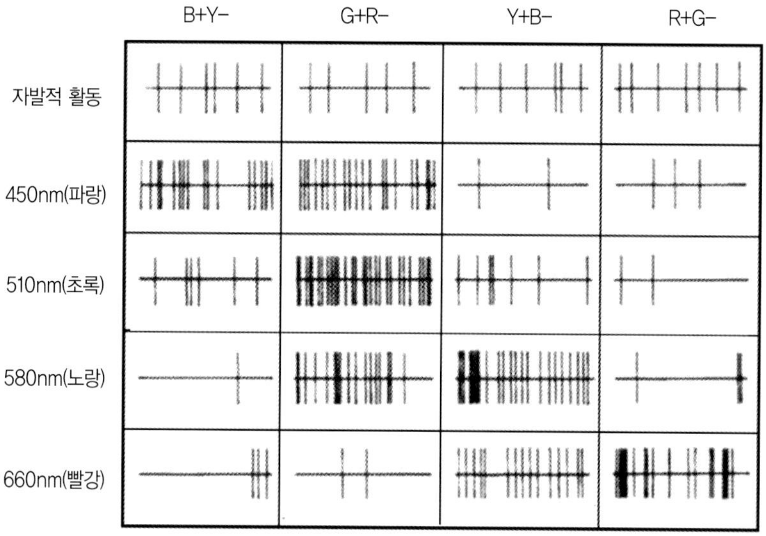

108
원숭이의 측면슬상핵에 있는 대립세포들의 반응. 이 세포들은 파랑과 노랑, 빨강과 녹색에 길항한다.

리빙스턴과 허벨은 원숭이에게 그림에서 본 것과 같은 중심부 R+G−, 주변부 R−G+의 대립세포가 가장 많은 까닭은 기능적 필요성 때문이라고 했다. 예컨대 이런 유형의 대립세포는 자연의 무성한 초록색 나뭇잎 속에서 적색이나 오렌지색 과일을 찾는 데 많이 필요하기 때문이라는 것이다.

앞서 보색이라고 한 것들은 바로 LGN에 있는 세포들의 색부호화 특징과 그대로 들어맞는다. 적색과 녹색 그리고 청색과 노란색은 대표적인 보색인데 바로

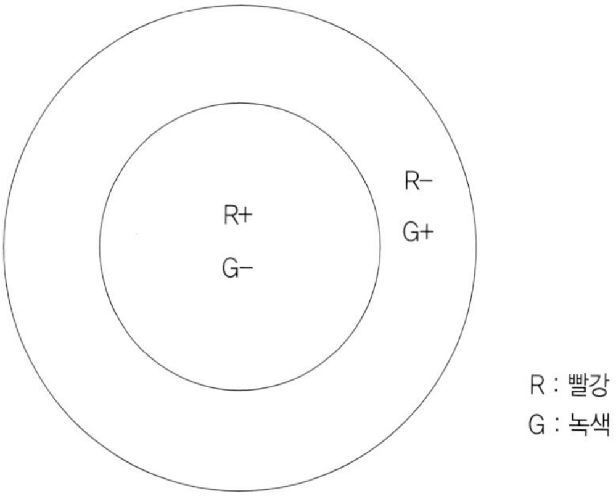

109
원숭이의 시각피질에 있는 대립세포 수용장의 중심부와 주변부. 중심은 빨간색에서 활성화되고 녹색에서 자발적 발화율이 억제되며 주변부는 그 반대 반응을 하는 수용장의 사례다.

110
세 가지 유형의 감광세포(원추세포)가 빨강-녹색, 파랑-노랑 대립기제와 어떻게 연결되어 있는지 보여준다. T자형 연결은 억제성 입력을, Y자형 연결은 흥분성 입력을 말한다. 예컨대 M세포가 흥분하면 R+G- 대립기제를 억제한다.

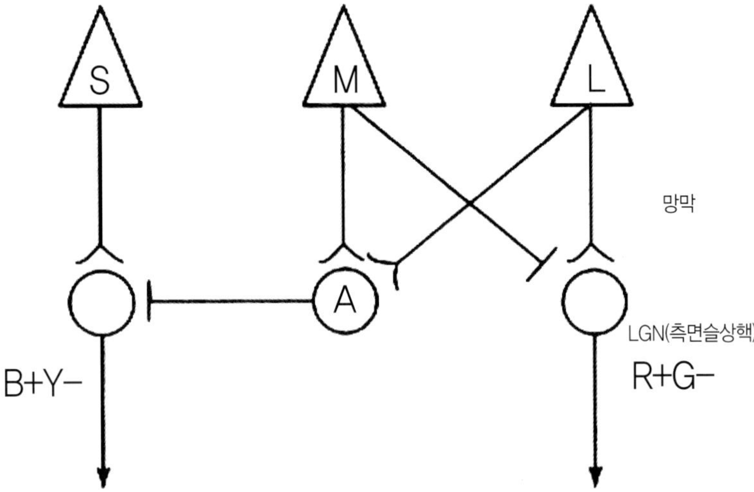

LGN에서 그렇게 색을 부호화하고 있는 것이다. 가령 적록을 담당하는 세포는 적색 정보에 흥분하고 녹색 정보에 대해서는 억제성 반응을 한다.

그렇다면 적색과 녹색이 같이 놓여 있다면 감광세포에는 어떤 일이 일어날까? 적색에 활성화된 세포들은 적색과 길항 관계에 있는 녹색을 억제한다. 반대로 녹색에 활성화된 세포들은 적색의 활동을 억제하게 된다. 결과적으로 보색이 같은 공간에 인접해 있으면 적색은 더 붉게, 녹색은 더 푸르게 보인다. 소위 동시대비 효과가 이런 까닭에 발생하게 된다.

■■ 유사할수록 커지는 심리적 긴장

색채의 충돌과 마찬가지로 심리적 긴장을 유발시키는 매우 유사한 색들의 조합도 마찬가지다. 그림 112는 그러한 사례를 보여주기 위해 필자가 원래의 사진을 수정한 것이다. 어떤 배색의 양복이 촌스럽다고 느껴지는가? 아마 상의와 하의의 색채가 또렷이 구별되지도 않고 그렇다고 동일하다고 볼 수도 없는 맨 오른쪽 복장일 것이다. 이 경우에도 심리적 긴장유발 정도와 촌스럽다는 미적 판단은

111
주된 색조가 탁하지만 심리적 인상은 탁하지 않다. 부분적으로 사용된 노란색이 이 주변의 보라색과 청색의 채도를 실제보다 높게 보이게 하기 때문이다.

서로 일치한다.

왜 색채가 비슷할수록 심리적 긴장이 커지는 것일까? 이에 대해서는 생리심리학적 설명과 지각심리학적 설명이 모두 가능하다. 앞서 다른 장에서 설명한 적이 있지만 다시 한번 짚어보자. 우리의 시각정보처리 통로에는 각기 정보 유형에 따라 선별적으로 작동하는 세 가지 통로가 있다고 했다. 그 각각은 모양정보처리 통로, 색채정보처리 통로, 운동과 깊이정보처리 통로다.

이 가운데 모양정보처리 통로는 망막 이미지의 밝기차이에 민감하게 반응하고 이 반응들을 대뇌 후두엽에 있는 시각피질에 전한다. 시각피질 이후의 정보처리 과정에 대해서는 아직 명확히 밝혀지지 않았지만 대개 이 밝기차이에 대한 정보를 토대로 사물의 모양을 인식하는 것으로 알려져 있다. 그래서 밝기차이에 민감하고 해상력도 뛰어난 이 통로를 모양정보처리 통로라고 부른다.

물론 색상차이에 관한 정보도 사물의 모양을 구분하는 데 유용한 단서로 이용되지만 우리의 시각은 밝기차이에 관한 정보에 더 의존한다. 이는 여러 정신물리학적 연구들을 통해 밝혀진 바 있다.

112
왼쪽처럼 상하의 색채가 동일하거나 중앙처럼 확연히 다른 경우보다 맨 오른쪽의 어중간한 대비가 더 심리적 긴장을 유발한다고 한다. 미적으로도 오른쪽 것이 가장 나쁜데 이는 심리적 긴장유발 정도에 대한 예측과 일치한다.

이 모양정보처리 통로를 무력화시키는 방법은 간단하다. 밝기차이를 없애버리면 된다. 밝기차이가 없어지면 모양정보처리 통로가 전달한 정보가 없어지게 되고 그만큼 모양을 인식하기 어려워진다.

이러한 맥락에서 볼 때 유사한 색채의 배색이 심리적 긴장을 유발한다는 사실은 모양정보처리 통로가 무력해져 모양 인식에 필요한 정보를 충분히 얻지 못했다는 이야기일 수 있다.

안개가 끼거나 눈에 눈곱이 잔뜩 끼어 사물이 명확히 인식되지 않고 그렇다고 안 보이는 것도 아닌 경험은 누구나 해보았을 것이다. 마치 이런 상황에서 우리가 경험하는 짜증스러움이 바로 심리적 긴장은 아닐까?

보색이 심리적 긴장을 유발한다는 생각에 반하는 생각도 해볼 수는 있지만 논리적으로 맞지 않는다. 예컨대 빨간색이 긴장유발 색채라면 청색은 긴장이완 색채다. 그러므로 두 색을 같이 놓으면 빨간색이 유발한 긴장을 완화시킬 수 있는 조화로운 상태가 될 수 있다고 생각할 수 있다.

이와 유사한 생각을 음과 양의 조화로 세상을 보는 도교에서 볼 수 있다. 도교에서는 음과 양이 어우러진 태극을 조화로운 상태로 보는 것 같다. 그래서 태극은 청색과 적색이 서로 맞닿아 있다.

세상을 보는 전체적인 관점으로서의 음양이론의 우수성에 대해서는 문외한인 필자로서는 알 길이 없다. 그러나 심미적 관점에서 태극의 색상이 그리 우수하다고 보기 어려운 까닭이 있다. 몹시 더운 날 찬 것을 찾는 이유는 더운 날씨와 그 날씨 속에서 찬 것을 마시는 일이 조화로운 상태이기 때문은 아니다. 그보다는 조화로운 상태로 가기 위한 방편일 뿐이다. 조화로운 상태는 찬 것이 필요 없는 따듯하거나 시원한 가을의 쾌적함이다. 마찬가지로 적색과 청색 같은 준(準)보색 대비는 조화로운 상태이기보다는 심리적 긴장이 유발된 상태다.

■■ 충돌을 피하는 보색

보색이 만든 심리적 긴장, 즉 색상의 충돌을 피하는 방법 가운데 가장 일반적으로 사용되는 것은 브리지(bridge) 색채다. 브리지 색채는 말 그대로 충돌하는

113
긴장유발 색채인 빨강과 긴장이 완 색채인 파랑의 만남을 조화로운 상태라고 할 수 없다. 두 색의 만남은 도리어 심리적 긴장을 유발한다.

보색 사이에서 다리처럼 두 색을 연결해주는 색채를 말한다. 보통 두 보색의 중간색이나 검정, 흰색 같은 무채색이 그런 역할을 할 수 있다. 우리 태극기의 경우에는 넓은 흰색 배경 속에 태극 문양이 있고 이 흰색이 브리지 컬러 역할을 한다.

앞서 말한 대로 긴장을 푸는 것은 대비가 아니다. 남과 북의 이념적 대비는 한반도에 긴장을 가져다준다. 마찬가지로 더운 날씨와 찬 음료수도 심리적 긴장을 유발한다. 이 긴장을 완화시키는 것은 덥지도 차지도 않은, 그래서 더운 것에서 찬 것으로의 급격한 변화를 점진적인 변화로 바꾸어줄 중간 정도의 온도다. 청색과 적색의 대비가 만드는 심리적 긴장을 완화시키는 것도 청색과 적색의 중간색을 배치하는 것이다.

적색과 녹색 그리고 청색과 노랑은 같은 보색이지만 심리적 긴장유발 정도는 차이가 있는 것 같다. 적록배색이 청황배색보다 더 큰 긴장을 유발하는 것 같고 미감도 청황배색이 좀더 나은 것 같다. 실제로 디자이너들이 배색을 할 때에도 적록은 거의 사용하지 않지만 청황은 경우에 따라 즐겨 사용한다.

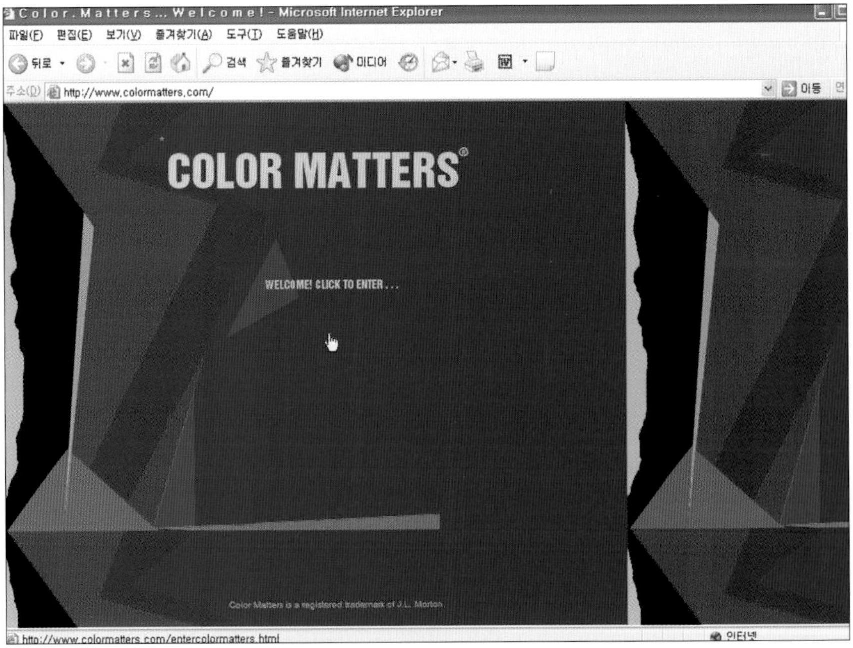

114
언뜻 보면 보색대비가 큰 배색으로 보이지만 그렇지 않다. 실제 디자인에서 보색대비라는 인상을 주는 경우는 있어도 실제 보색대비인 경우는 거의 없다. 이 배색에서도 검정이나 보라색이 브리지 컬러 역할을 하고 있듯 직접 보색이 만나는 경우는 거의 없다.

같은 보색이고 생리학적 기제에서도 별다른 차이점을 발견할 수가 없는데 왜 이런 현상이 생기는 것일까? 아래 그림은 앞서 한 번 소개한 적이 있지만, 설명에 도움이 되니 다시 한번 쓰기로 하자. 그림에는 채도가 낮은 청색인 하늘색 물결 위에 노란색 글자가 배치되어 있다. 완전한 보색이라고 할 수는 없지만 준보

115
같은 보색대비이지만 디자이너들은 적록배색에 비해 청황배색을 훨씬 많이 사용한다. 심미적으로 더 부담이 없다고 느끼기 때문인 것 같다. 두 색 간의 심리적 밝기차이가 크기 때문에 그런 것일 수도 있다.

116
여름철에 자주 볼 수 있는 배색인데 청색의 채도가 낮기는 하지만 청황배색임이 분명하다.

색에 해당하는 배색으로 디자이너들이 공식처럼 사용하는 배색 가운데 하나다.

적색과 녹색의 배색은 청황배색만큼 자주 사용되지는 않는다. 또 사용될 때에도 두 색 가운데 하나는 밝기와 채도의 높낮이를 조절해 충돌을 최대한 완화한다. 예컨대 아래에서 보는 배색은 전체적으로 적청의 보색배색이지만 오른쪽의 조색도에서 보듯이 청색과 적색에 노란색을 섞어 컬러 솔리드 내에서 두 색 사이의 거리를 좁혀놓고 있다. 더불어 두 색 사이의 밝기차이는 반대로 커졌다는 점도 주목해야 한다. 밝기차이는 잠시후에 설명하겠지만 같은 보색이면서도 적록배색에 비해 청황배색이 미적으로 선호되는 원인이 아닐까 생각한다.

보색대비가 심리적 긴장을 유발하는 주요한 이유로 크라이틀러는 가현채도의 상승을 꼽고 있다. 다시 말해 보색의 동시대비가 긴장유발의 주요한 요인이라는 것이다. 크라이틀러는 색채의 3가지 속성 가운데 채도를 자극의 강도에 해당하는 속성이라고 한다. 소리의 경우에는 크기와 높이가 강도, 즉 세기에 해당하는 속성이다. 그러므로 어떤 색채의 채도가 높다는 것은 강한 색채라는 말이 된다. 소

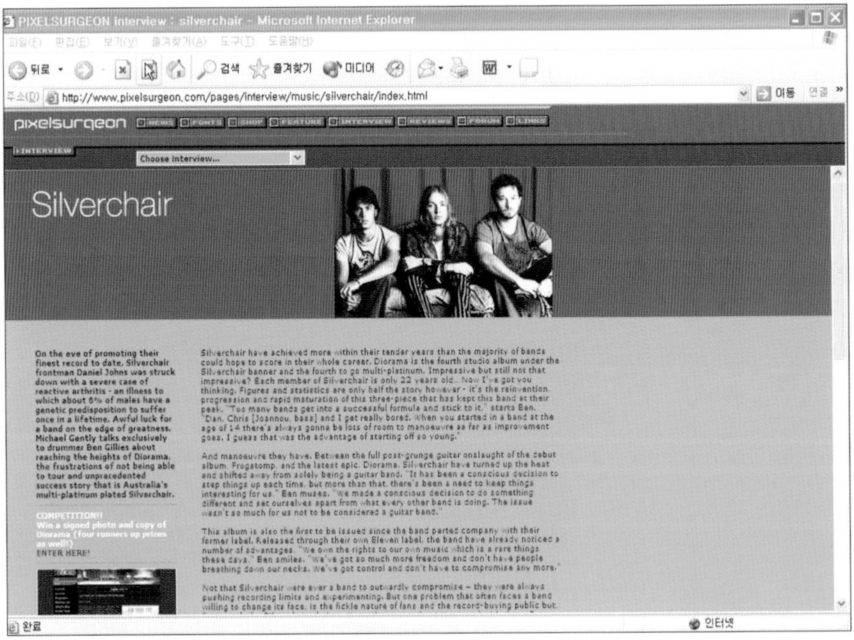

117
저채도의 청색인 하늘색과 빨간색이 배색된 것으로 보기 쉽지만 자세히 보면 그렇지 않다. 오른쪽에서 보듯이 청색에 노란색을 섞어 만든 하늘색에는 노란색이 포함되어 있고 상단의 빨간색에도 노란색이 섞여 있다. 노란색이라는 공통의 속성을 갖고 있어 두 색 간의 거리는 생각보다 짧다.

리에 비유하면 큰 소리를 듣는 경험과 동일하다. 그래서 심리적 긴장을 유발하는 효과가 크다고 한다. 그러나 필자의 생각은 조금 다르다.

앞서도 말했듯이 누가 뭐래도 전경과 배경을 분리하고 사물의 윤곽을 파악하는 것은 시각의 가장 기초적이고 중요한 임무다. 이런 일을 하는 데 가장 중요한 정보 중 하나가 망막 상에서의 밝기변화다. 눈은 급격한 밝기변화가 있는 곳을 사물의 경계로 보려는 경향이 있다. 이 정보가 없거나 부족할 때 심리적 긴장이 커질 수밖에 없다는 이야기는 앞서도 한 적이 있다. 그렇다면 동일한 보색대비라 해도 청황배색이 적록배색보다 더 즐겨 사용되고 심리적 긴장이 적은 이유도 설명될 수 있다.

모양정보를 처리하는 데 유리한 배색은 심리적 긴장도 적고 미적으로도 더 우수한 배색이다. 바로 여기에 해당되는 사례가 청황배색이다. 파란색과 노란색 사이에는 충분한 밝기대비가 있다. 밝기가 비슷한 보색들인 적색과 청색 사이에도 밝기차이를 주면 심리적 긴장은 완화될 수 있다. 밝기차이를 주자면 두 색 가운데 한 색의 채도가 낮아지거나 밝기가 어두워져야 한다.

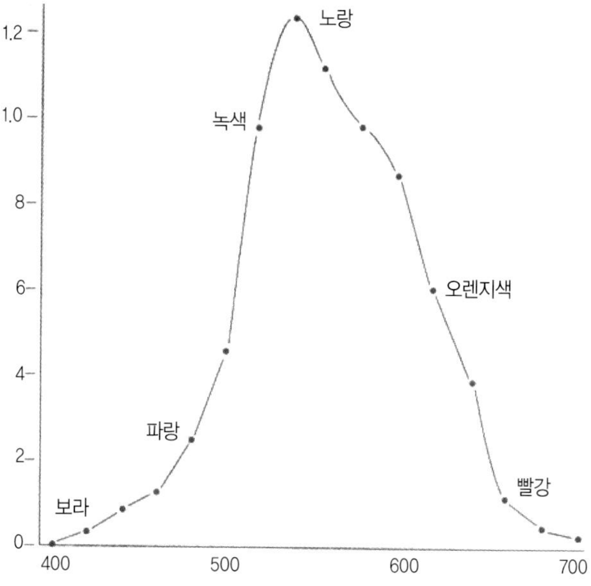

118
동일한 강도의 색상에서 지각되는 밝기. 노랑이 가장 밝게 느껴지고 파랑, 보라, 빨강은 어둡게 느껴진다.

배색만을 대상으로 했을 때에는 밝기와 색상의 차이가 대상을 구분하는 정보의 전부이지만 현실에서는 더 많은 정보가 있다. 그림 119에서 보는 모델들의 의상에는 유사색들이 사용되고 있다. 그러나 앞서의 경우와 달리 그다지 촌스러워 보이지 않는다. 그림 112에서 양복 상하의 색을 빌려 설명한 것과 다르지 않은가 하고 반문할 수 있다. 그러나 이들의 복장에는 신사복과 달리 질감의 차이가 있다. 신사복의 상하의는 같은 천으로 되어 있지만 여기서 보는 모델의 의상은 그렇지 않다. 왼쪽 모델의 치마는 얇고 천의 조직이 곱다. 반면 상의는 천이 두껍고 비로드 같은 질감으로 이루어져 있다. 오른쪽 모델의 스카프와 코트 사이에도 비슷한 질감의 대비가 있다.

회화작품이나 디자인에는 색채 이외에도 다른 많은 지각적 특징들이 조합되어 있다. 그래서 여기서 다루고 있는 것처럼 단순히 배색만으로 그 미적 효과를 예측하고 설명하는 것은 삼가야 한다. 예컨대 회화의 경우 별다른 브리지 색채 없이 녹색과 적색이 함께 쓰인 아름다운 그림을 종종 볼 수 있다. 긴장유발배색임에는 틀림없지만 붓터치나 형태 등 여러 요소들이 그 충돌을 완화시키고 있기 때

119
유사한 색상의 조합으로 심리적 긴장을 유발하는 사례로 보기 쉽지만 그렇지 않다. 상의와 하의, 목도리와 의상 간의 질감이 다르기 때문이다.

문이다. 패션 디자인이나 제품 디자인의 경우에도 색상과 더불어 다양한 질감이 사용되어 충돌을 피해가는 경우를 쉽게 볼 수 있다.

그럼에도 심리적 긴장이라는 관점에서 배색을 보는 것이 시각적 아름다움을 이해하기 위한 보편적인 기반을 제공하는 것도 사실이다. 질감 등 다른 요소들의 미적 작용은 심리적 긴장이론과 상치될 가능성이 거의 없으며 도리어 긴장이론의 기반 위에 쌓일 벽돌과도 같다.

12

고흐가 원했던 것

작가의 섬세한 감수성과 예술적 영감이 명화를 탄생시킨다고 이야기한다. 그러나 이는 절반만 옳은 말이다. 더러 위대한 화가들의 일기나 메모 등을 통해 알려지는 사실은 이 뛰어난 예술가들이 대단히 지적이며 과학자 못지않게 형태·색채·구도 등을 분석했고 원하는 예술적 효과를 얻기 위해 새로운 기법을 부단히 계발했다는 점이다. 그래서 "위대한 예술가는 위대한 과학자이기도 하다"는 말이 있는 것이다.

걸작은 이런 노력 없이는 결코 탄생할 수 없다. 걸작은 차치하고 그린다는 것 자체가 생각보다 훨씬 지적인 작업이며 끊임없이 부딪히는 문제들을 합리적으로 해결해나가야 하는 과정이라는 것을 알아야 한다. 생각해보라. 그림으로 무엇을 표현하는 것이 그리 간단한 일인지. 어린아이들은 손에 뭘 쥐기만 하면 그림을 그린다. 이렇게 별 생각 없이 편하게 그릴 수도 있겠지만 제대로 무엇을 재현해내자면 많은 장애를 극복해야 한다.

석고소묘를 생각해보라. 하얀 대상을 검정 목탄이나 연필로 그려야 한다. 더구

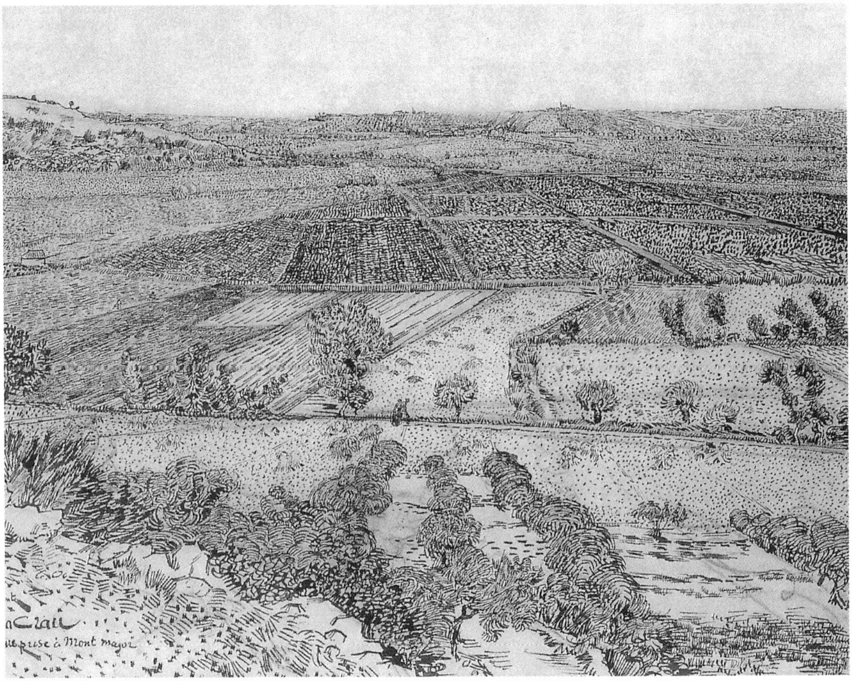

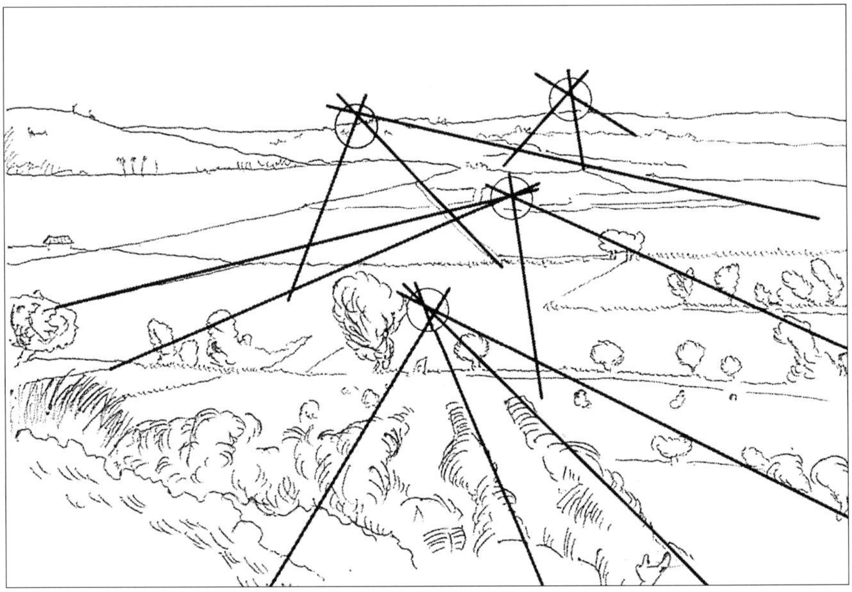

120
빈센트 반 고흐, 「들판」, 1888.
이 그림에서 암시하는 약 네 군데의 응시점들은 밭고랑 선들의 소실점이기도 하다.

나 입체물을 평면에 표현해내야 한다. 논리적으로는 불가능한 일이다. 더 있다. 흰색 물감으로 흰색 물감보다 몇백 배 밝은 산소용접 불꽃을 표현하는 일이나 정지해 있는 평면에 달리는 말의 생동감을 표현하는 것. 결코 쉽지 않은 일이다. 그림을 잘 그린다는 것은 이런 문제에 부딪힐 때마다 더러는 선배의 도움으로 더러는 스스로의 창의력으로 나름의 해결책을 적절히 내놓는 일이다.

■■ 관객의 시선을 조종하다

화가들이 사용한 기법을 알고 나면 그들이 얼마나 교묘하고 치밀한 사람들인지 감탄할 것이다. 그런 사례 하나를 꼽으라면 필자는 단연 고흐를 들고 싶다. 광기와 열정의 화가로만 알려진 고흐의 작품에는 현대의 지각심리학자들도 혀를 내두를 교묘한 기법이 숨어 있다.

그림 120은 고흐의 「들판」이라는 작품이다. 고흐는 아마도 끝없이 펼쳐지는 남프랑스의 벌판을 그리고 싶었을 것이다. 그러나 화판의 크기는 한정되어 있고, 이 한정된 화판 안에서 무한한 느낌을 표현해야 한다. 고흐는 그림을 보는 우리의 시선을 조종하여 이 문제를 해결했다.

다시 말해 고흐는 소실점의 개수와 위치를 교묘히 배치하여 우리의 시선을 자

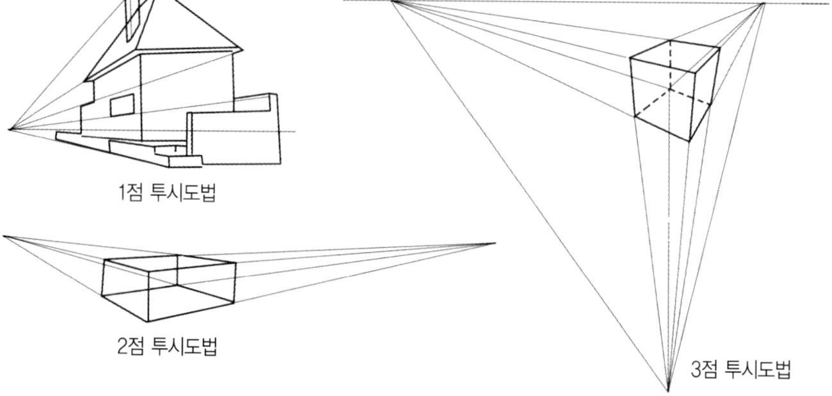

121
소실점의 개수에 따른 투시도법의 예.

신이 의도한 방향으로 이끌었고, 깊게 펼쳐진 들판의 느낌을 표현할 수 있었다.

대개 선형투시도법, 쉽게 말해 원근법을 적용한 풍경화에는 일점 투시인가 이점 투시인가에 따라 하나 혹은 두 개의 소실점이 있게 마련이다. 이 소실점은 감상자의 시선을 유도하는 중요한 그림 속 요소 중 하나인데, 여러 개의 소실점이 벌판을 수평으로 가로질러 배치되면 감상자의 시선은 소실점들을 마치 징검다리 건너듯 옮겨 다니게 된다. 그렇게 되면 한두 개의 소실점이 있는 그림에 비해 시선은 여러 곳에 머물게 되고 벌판은 더 넓게 느껴진다. 고속철로 한번에 부산까지 가는 것보다 여러 곳에 정차하며 가는 완행열차를 타면 부산이 더 멀게 느껴지는 것과 같은 이치다.

「파란 하늘 아래의 들판」이라는 작품에서도 고흐는 소실점을 교묘히 사용했다. 「들판」에서 저 멀리 끝없이 깊게 펼쳐진 벌판을 표현하고자 했다면 가로로 긴 이 그림에서는 좌우로 광활하게 펼쳐진 느낌을 살리려 애쓴 것으로 보인다. 그래서인지 소실점들이 좌우로 분포되어 있다.

이 그림에서도 벌판을 가로지르는 여러 밭고랑들을 이용하여 소실점을 만들었다. 투시도법을 정확히 적용했다면 그렇지 않겠지만 고흐는 밭고랑의 방향을 여러 상이한 방향으로 수렴되도록 그려놓았다. 이 그림을 보면 적어도 3개의 소실점을 찾아낼 수 있다.

122
빈센트 반 고흐의 「파란 하늘 아래의 들판」 (174쪽)의 소실점 분포를 보여주는 그림. 앞의 그림 120과 달리 여기에서는 응시점이 수평선 위에 가로로 펼쳐져 있음을 알 수 있다.

고흐는 풍경을 그릴 때 관광객이 풍경을 감상할 때처럼 소실점의 수만큼 적어도 세 군데 이상 옮겨 가며 그린 것 같다. 이렇게 하여 고흐는 소실점을 여러 개 만들 수 있었고 자연스럽게 감상자의 시선을 유도할 수도 있었을 것이다. 이는 당시로서는 매우 생소하고 파격적인 특징이지만 고흐의 그림에서는 비슷한 사례를 많이 발견할 수 있다. 또다른 사례는 「밤의 카페」(그림 123)이다.

이 그림에는 주요한 소실점이 둘 있다. 제1소실점은 왼쪽 중앙에 나란히 앉은 두 남녀의 등 뒤의 벽 어디쯤이 될 것 같다. 제2소실점은 당구대의 전면 모서리를 연장하면 얻어지는 오른쪽 테이블 위에 엎어지듯 앉아 있는 사람이다. 제3소실점을 찾으라면 왼쪽 중앙에 홀로 앉아 있는 사람을 꼽고 싶은데, 왼쪽 하단에 있는 테이블 모서리의 연장선과 만나는 곳이기 때문이다.

고흐의 그림에서 보듯 우리의 시선은 한 군데 머무르지 않고 계속 옮겨 다닌다. 왜 그럴까? 그리고 이런 시선을 유도하는 요소들은 무엇일까? 화가나 시각디자이너가 관심을 가질 수밖에 없는 질문이다.

123
빈센트 반 고흐, 「밤의 카페」. 주요한 응시점은 왼쪽 벽면 위에 형성되어 있고 보조 응시점이 오른쪽 가운데에 엎드리듯 앉아 있는 사람의 머리에 형성되어 있다.

■■ 눈운동을 하는 이유

먼저 왜 이런 눈운동이 일어나는지부터 알아보자. 우리의 망막에는 많은 감광세포들이 분포해 있다. 이들의 수가 많고 적음은 시각의 정밀도(해상도)와 직결된다. 그래서 많으면 많을수록 좋을 것 같지만 그럴 수는 없다. 시각정보를 정교하게, 그리고 많이 얻는다는 것은 그만큼 시각, 더 나아가 대뇌에 부담이 된다. 그래서 꼭 필요한 정보만 처리하도록 필요한 부위에 밀집시키는 것이 대뇌 운용에 도움이 된다.

망막에 감광세포가 밀집해 있는 곳을 중심와(fovea)라고 한다. 이곳에서 멀어질수록 감광세포의 밀도는 낮아진다. 그림 124는 그런 분포를 보여주는 것이다. 망막을 전면에서 봤을 때 중앙에 있는, 반경 약 1도 정도 되는 둥근 부위가 감광세포가 밀집해 있는 간상체라는 곳이다. 이곳에 맺힌 상(像)만을 우리는 선명히 볼 수 있다.

감광세포의 분포 양상 때문에 우리가 선명히 볼 수 있는 시야는 그림 124에서 보듯 약 2도 정도에 불과하다. 그렇기 때문에 전체 시야에 대한 정교한 정보를 얻으려면 눈운동을 통해 시야를 끊임없이 '스캔' 해야 한다. 그림 125는 시선이 고정되어 있을 때의 이미지를 보여주는 것으로, 중앙에 있는 여성의 얼굴 부위만 선명히 보이고 거기서 멀어질수록 상이 흐릿해짐을 알 수 있다.

망막의 이런 특성은 고흐의 그림에서 보듯 감상자의 시선에 큰 영향을 미친다. 시선, 즉 눈운동은 여러 요인의 영향을 받는다. 그 요인들 가운데 대표적인 것만 꼽아도 6가지 정도가 된다. 그것들은 그려진 대상, 그림 속의 밝기대비 정도, 그림의 깊이단서, 기하학적 패턴의 특징, 그림의 서술적 맥락에 따른 중요도, 시선의 방향이다.

첫째, 그려진 대상이 무엇인가에 따라 눈운동의 방향은 달라진다. 눈운동을 가장 직접적으로 관장하는 부위는 대상회 근처의 전두시각장(frontal eye field)으로 알려져 있다. 이 부위는 자발적 눈운동을 관장하며 반사적 눈운동을 억제한다. 반사적 눈운동은 갑자기 큰 소리를 들었을 때처럼 반사적으로 그곳을 쳐다보는 것을 말한다. 전두시각장은 측면의 눈운동도 관장한다. 그래서 좌뇌의 전두시각장이 활성화되면 시선이 오른쪽으로, 반대로 우뇌의 전두시각장이 활성화되면 왼쪽으로 향하려는 경향이 있다.

앞서 얼굴을 처리하는 부위는 우뇌에 있다고 했다. 그래서 초상화를 감상할 때에는 우뇌의 전두시각장이 활성화될 것이고 얼굴 왼쪽으로 시선이 향하려는 경향을 보일 것이다. 그림 128은 이 예측이 사실임을 보여주는 실험결과로, 눈운동 측정기로 시선의 궤적을 추적한 것이다. 얼굴의 경우에는 시선이 얼굴의 왼쪽, 특히 입 부위에서 더 머문 것으로 나타났고 꽃병의 경우에는 오른쪽 상단 부위에 시선이 많이 머문 것으로 나타났다.

둘째, 그림 속의 밝기대비가 큰 부위에도 시선은 잘 머문다. 이것은 밝기변화가 사물의 윤곽을 파악하는 데 중요한 정보이기 때문이다. 디자인계에서는 글자의 시인성이 배경색과 글자색 간의 밝기대비에 의해 결정된다고 말하고 있다. 밝기대비가 큰 곳이 시선을 유도하는 힘이 큰 것도 한 요인일 것이다.

124
약 2도에 해당하는 면적이, 망막에 감광세포가 밀집해 있는 중심와가 담당할 수 있는 시야의 크기다.

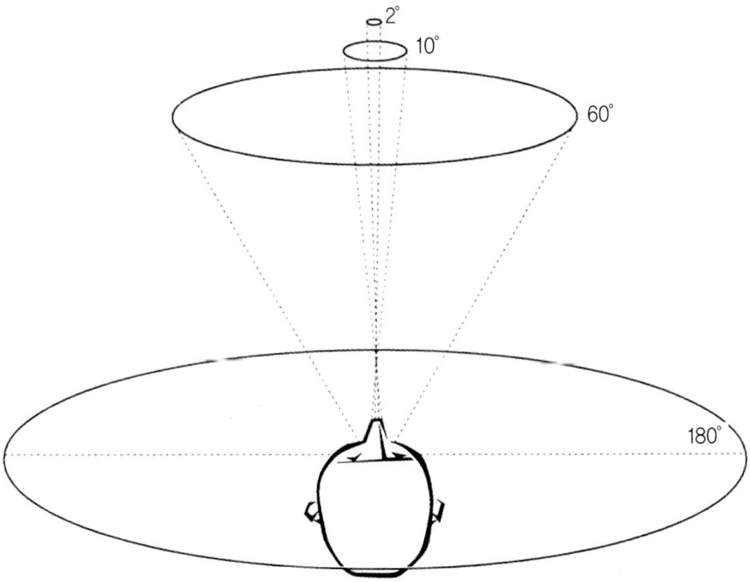

125
우리 눈이 보는 것. 얼굴 가까이 있는 것은 선명하게 보이지만 멀어질수록 흐릿해진다.

126
빈센트 반 고흐, 「감자 먹는 사람들」, 1885.

밝기대비가 큰 곳에 시선이 머무르는 경향을 극명하게 보여주는 것이 고흐의 「감자 먹는 사람들」이다. 이 그림을 보는 사람들은 대부분 먼저 전면을 향하고 있는 왼쪽 아낙의 얼굴과 그 옆에 있는 농부의 옆모습을 주시한다. 그 다음 오른쪽이나 뒷벽을 둘러본다. 특기할 만한 것은 중앙 오른쪽의 전면을 바라보는 인물보다 왼쪽에 있는 농부의 옆모습이 더 시선을 끄는 것이다. 여러 가지 설명이 있을 수 있지만 밝기대비의 정도가 가장 크다는 것을 주된 이유로 꼽고 싶다.

셋째, 그림의 서술적 맥락에 따라 시선의 흐름은 달라진다. 자발적 눈운동을 관장하는 전두시각장의 바로 옆에는 대상피질(cingulate cortex)이 있다. 이 부위는 우리 신체의 운동과 연관되어 있으며 한편으로는 무엇을 계획하는 인지과정에도 관여한다. 전두시각장과 대상피질은 서로 연결되어 있어 우리가 어떤 인지과제를 수행하느냐에 따라 다른 눈운동을 하게 만든다.

그림 127은 솔소가 러시아 화가 일리야 레핀의 「아무도 기다리지 않았다」를 이용해 감상자들의 눈운동을 측정한 것이다. 하단 왼쪽 눈운동은 특별한 지시 없이 감상자들이 자신의 의지대로 감상할 때의 대표적인 눈운동 궤적이다. 가운데는

127
일리야 레핀, 「아무도 기다리지 않았다」, 1884. 아래 왼쪽은 마음대로 감상하게 한 경우, 가운데는 사물의 위치를 파악하려 할 때의 눈운동, 오른쪽은 방문자가 들어온 지 얼마나 됐는가를 물었을 경우다.

사물의 위치를 파악하려 할 때의 눈운동 궤적이고 오른쪽은 방문자가 이 방에 들어온 지 얼마나 경과했는지 추정해보라는 주문에 따른 것이다. 지시문에 따라 다른 인지과제를 수행해야 하고 그에 따라 눈운동의 궤적이 달라지는 것을 볼 수 있다.

일반적인 감상과정에도 이와 유사한 일이 발생한다. 감상자의 개인적인 관심사 등에 따라 시선의 방향은 변한다. 그러나 다양한 감상자의 개인적인 관심사를 작가가 창작에 고려할 수는 없다. 다만 한 사회가 갖고 있는 공통의 경험이 있다면 그런 것은 반영될 수 있을 것이다. 작품의 전시 순서를 조정하여 앞 작품의 내용이 다음 작품의 시선에 영향을 주게 한다거나 작품의 제목 등을 이용해 감상자에게 영향을 주는 방법이 있을 것이다.

기하학적 패턴과 깊이단서가 갖는 시선유도 효과가 네번째와 다섯번째로 이야기할 요인인데 이 둘은 함께 이야기할 수 있다. 기하학적 패턴과 깊이단서도 시선유도 효과를 갖고 있다. 그림 속에는 추상화에서처럼 명시적으로 그려진 기하학적 패턴도 있지만 가구나 방안의 모서리, 사람이나 동물의 윤곽이나 동선 등 여러 요소에 의해 자연스럽게 생성된 기하학적 패턴도 있다. 대표적인 경우가 투시도법이 적용된 그림에서 소실점을 향해 수렴되어가는 건물의 모서리다. 많은 화가들이 이런 기하학적 패턴을 의도적으로 조정해 감상자의 시선을 유도해왔다. 앞서 본 고흐의 그림에서는 밭고랑이 그런 역할을 부분적으로 수행했지만 그보다 더 노골적인 사례가 베르메르의 「음악 수업」(그림 130)이다.

이 그림에는 소실점이 하나밖에 없다. 그곳으로 감상자의 시선을 유도하고 싶었던 것 같다. 이 소실점 하나를 만들기 위해 베르메르가 얼마나 고민했는지 알면 놀랄 것이다. 만약 베르메르가 이 그림처럼 실제로 소녀의 왼쪽 팔꿈치 부분에만 시선을 고정한 채 그림을 그렸다면 이론적으로 베르메르의 망막에 맺힌 상은 앞서 본 그림 125처럼 주변으로 갈수록 흐릿하고 형태는 휘어질 것이다. 그러나 그렇게 했을 리는 없다. 실제로는 앉는 위치는 고정되어 있었다 할지라도 시선은 여러 군데를 옮겨 다녔을 것이다. 다만 한 군데 시선을 고정한 것처럼 보이도록 타일, 창문틀, 방 모서리를 한 곳으로 향하게 그린 것뿐이다.

128
좌우반구의 차이를 보여주는 눈 운동 궤적. 20초 동안 얼굴의 경우에는 왼쪽, 특히 입 왼쪽을 더 오래 바라보았고 화병의 경우에는 반대로 오른쪽을 더 많이 바라보았다.

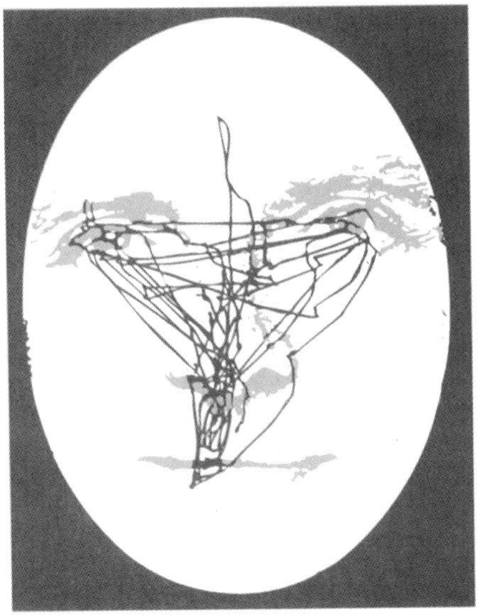

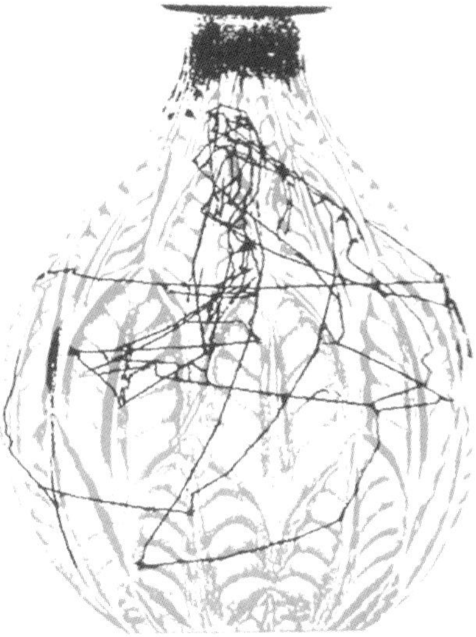

그러나 이조차도 액면 그대로 투시도법에 집착해서 그린 것은 아니다. 그림에서 보듯이 투시도법은 측면으로 갈수록 대상의 폭을 실제보다 두껍게 보이게 만든다. 그래서 투시도법대로라면 이 창문은 옆으로 심하게 늘어나 있어야 한다. 그렇게 그리지 않은 것은 바로 감상자의 시선을 한 군데로 모으기 위해서라고밖에 달리 생각할 수가 없다.

많은 화가들이 투시도법을 액면 그대로 적용해 그림을 그리지는 않는다. 투시

129
파브르가 조사한 글자와 배경색에 따른 시인성. 조사에 사용된 표본의 일부인데 윗줄은 시인성이 높은 것들이고 아랫줄은 시인성이 낮은 것들이다. 두 그룹 간의 가장 큰 차이는 밝기대비가 크고 작다는 것이다.

130
얀 베르메르, 「음악 수업」, 1662~65.

도법을 그대로 적용하면 그림 좌우측에 있는 대상이 실제와 달리 심하게 늘어나 보이기 때문이다. 그래서 좀더 그럴싸하게 보이도록 대상의 폭을 줄여서 그린다. 베르메르의 경우에는 심미적인 이유 때문이라기보다는 관객의 시선을 유도할 기하학적 패턴을 만들기 위해 창문 부위를 수정한 것으로 보인다.

■■ 시선을 좇는 시선

마지막으로 살펴볼 것은 그려진 인물의 시선이 유도하는 감상자의 시선이다.

131
베르메르의 「음악 수업」에는 매우 정교하게 투시도법이 적용되었다는 것을 알 수 있다. 그러나 고지식하게 투시도법에 집착했다면 왼쪽 창문틀을 더 왜곡해야 한다. 보기를 바라는 곳으로 창문틀을 향하게 하기 위해 투시도법을 수정한 경우다.

132
미국의 미술심리학자이며 조각가인 윌랏이 추론해낸 베르메르의 작업 장면. 투시도법을 그대로 따르면 이 부분의 타일이 어색하게 보인다.

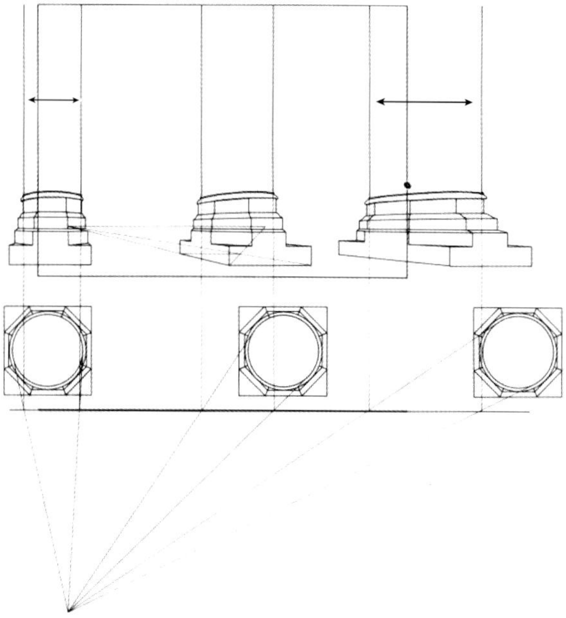

133
투시도법을 따르면 사물의 깊이감을 아름답게 표현할 수 있을 것 같지만 그렇지 않다. 이 그림에서 보듯 소실점에서 측면으로 멀어질수록 사물의 두께는 기하급수적으로 두꺼워져서 도저히 그대로 그릴 수 없을 정도가 된다. 베르메르의 「음악 수업」에서는 좌우측 하단의 타일이 비정상적으로 크게 묘사되어야 하는 상황이다. 그러나 베르메르는 좌측 하단은 화면으로 잘라버리고 우측 하단은 테이블보로 덮어 이 문제를 해결했다.

이 부분은 앞의 요인들과 관련이 적고 할 이야기도 많아 이렇게 따로 제목을 만들었다. 앞에서도 말한 바 있지만 얼굴은 가장 많이 그려지는 소재이다. 회화뿐만 아니라 광고에서도 압도적으로 많이 등장하는 소재가 사람의 얼굴이다. 이런 인물화나 광고물에서는 그려진 인물의 시선을 이용해 보는 이들의 시선을 교묘하게 유도한다.

그런 사례가 다음 쪽에서 보는 미국의 광고물로, 소비자들은 모델의 시선을 따라 시선을 옮기고 결과적으로 의도한 헤드라인을 읽게 된다.

더욱 놀라운 사례는 그 다음에 보는 지하철 풍경을 이용한 술광고다. 이 사진의 중앙에서는 누구나 겪을 수 있는 난처한 상황이 벌어지고 있다. 사진 중앙에 보이는, 문틈에 끼인 가방과 쏟아진 서류들은 흥미로운 광경임이 분명하지만 대부분의 사람들은 그보다 먼저 사진 오른쪽에 앉은 흑인 신사의 얼굴을 본다. 그 다음 이 흑인 신사의 시선을 따라 문틈에 끼인 가방을 보게 된다.

인간이건 동물이건 다른 존재의 시선을 파악하는 것은 생존에 매우 중요하다. 포식자나 먹잇감이 자신을 바라보는 것인지 아닌지를 파악할 수 있어야 도망가

134
맨홀에서 공사하는 인부의 시선을 좇아 상단에 있는 헤드라인을 읽게 된다.

135
중앙의 해프닝보다 오른쪽에 있는 흑인 신사의 시선이 더 눈길을 끈다. 그 다음 그의 시선을 따라 중앙의 쏟아진 가방을 보게 된다.

거나 공격을 개시할 타이밍을 잡을 수 있다. 어린 새끼는 어미와의 시선 맞추기를 통해 어미를 확인하고 자신의 욕구를 표현한다. 또한 무리 내에서는 눈 맞추기를 통해 끊임없이 자신의 사회적 위치를 확인할 수 있다. 예컨대 언치새의 경우 우두머리가 먹이를 제일 먼저 먹는다. 그 동안 나머지는 먹이 주위를 빙빙 돈다. 만약 이중 하나가 먹이에 다가서면 이는 우두머리에게 도전하는 것으로 간주되어 우두머리는 고개를 들어 다가선 새를 정면으로 주시한다. 이러면 도전할 마음이 없는 새는 대개 뒤로 물러선다.

대부분의 동물은 다른 동물의 시선을 얼굴의 축 방향을 참조하여 판단한다. 얼굴의 축이 시선을 추적하는 데 얼마나 중요한지를 보여주는 사례가 그림 136이다. 두 그림 가운데 왼쪽 것은 정면을 주시하고 있지만 오른쪽 것은 왼쪽을 주시하고 있는 것처럼 보인다. 그러나 두 그림의 얼굴 방향은 좌우가 뒤바뀌어 있지만 두 눈은 동일한 것이다. 다시 말해 두 그림에서 두 눈의 흰자위의 상대적 면적은 동일하지만 얼굴 방향만 다른 것뿐이다. 그런데 우리가 지각하는 시선의 방향은 다르다. 왼쪽 것은 나를 주시하고 있는 듯하지만 오른쪽 것은 나의 왼쪽을 바라보고 있다.

136
왼쪽 그림은 정면을 주시하고 있는 것으로 보인다. 이 그림의 좌우를 바꾼 것이 오른쪽 그림이다. 그러나 눈은 왼쪽 것을 그대로 두었다. 두 눈의 모습이 동일한데도 얼굴의 방향이 바뀌자 오른쪽 얼굴은 왼쪽을 주시하는 것처럼 보인다.

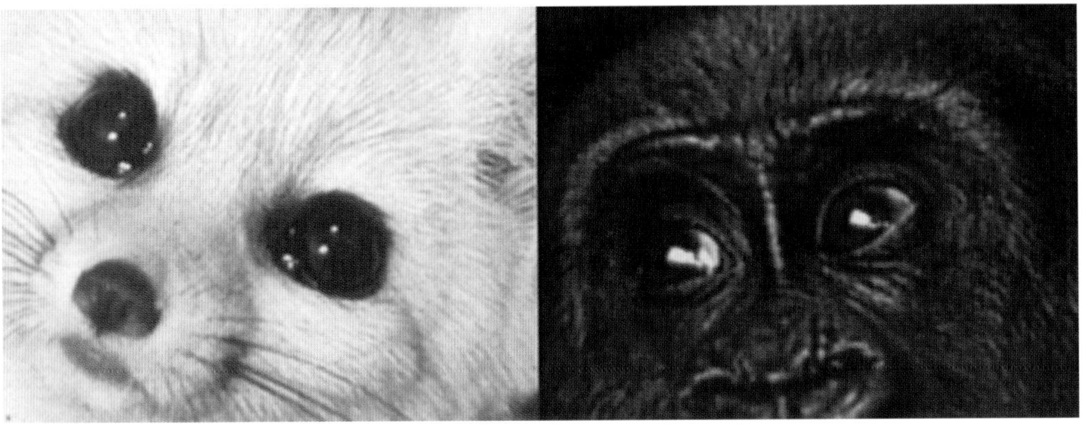

137
인간만큼 흰자위가 많이 보이는 동물은 거의 없다. 이 흰자위는 시선의 방향을 판단하는 중요한 단서다. 인간은 다른 종에 비해 시선을 판단하는 단서를 하나 더 갖고 있는 셈이다.

그러나 사람에게는 다른 정보가 하나 더 있다. 사람만큼 눈의 흰자위가 큰 종은 없다. 이 상대적인 흰자위의 면적은 시선의 방향에 중요한 단서가 된다. 약 1도 정도의 시선의 변화도 파악할 수 있다고 한다. 인간은 얼굴의 축 방향 외에 시선의 방향이라는 정보를 하나 더 갖고 있는 셈이다. 인간의 사회생활이 추가 정보가 있어야 할 만큼 복잡하다는 방증일 것이다.

이렇게 정교한 시선지각과정은 인간의 사회생활에서 중요한 의사전달 수단이 된다. 예컨대 눈 맞추기는 상황에 따라 매우 섬세하고 정교한 내용을 전달할 수 있는데 대화중에 약간 길게 시선을 맞추며 대화를 끊으면 '이제는 네 차례야' 라는 뜻이 되기도 하고, 상대방에 대한 낭만적인 감정이나 호감을 표현하는 방법이 되기도 한다. 다른 사람을 설득하거나 속이려 할 때에는 사회적 통제력을 행사하려는 의도이거나 상대방의 승인을 기다리는 신호가 되기도 한다. 이렇게 시선 파악을 통해 우리는 상대방의 호감, 주의, 신뢰감, 권능 심지어 정신적 건강 상태까지를 파악할 수 있다.

고호의 이야기로 시작해서 타인의 시선을 파악하는 이야기로 끝났다. 우리의 시선은 단순히 눈이 머무르는 곳이 아니다. 우리의 마음이 머무는 곳이다. 그래서 예로부터 많은 화가들이 감상자의 마음을 사로잡기 위해 그렇게 고민해왔을 것이다. 최근에는 좀더 상업적인 목적에서 시선 유도와 관련된 연구가 관심을 끌고 있다. 특히 인터넷과 같은 사이버 공간에서의 사용자의 눈움직임이 초미의 관심사가 되고 있다. 눈운동 측정기의 사용도 그 어느 때보다 빈번하다. 이것을 이용한 시선분석 연구에서는 어떤 맥락에서 어떤 요인들이 시선을 유도하는가를 미리 파악하고 있어야 제대로 된 측정과 분석이 가능하다. 이 장에서 다루고 있는 내용처럼 당장의 필요보다 좀더 깊은 차원에서 시선의 의미와 작동원리를 파악하는 게 중요한 까닭이 여기에 있다.

13

르누아르의 선택, 움직임의 표현

화가들이 사실감을 얻기 위해 풀어야 할 중요한 과제를 몇 가지 꼽는다면 첫째는 평면에 입체감을 표현하는 것이고, 둘째는 어두운 물감으로 그보다 밝은 대상의 색채를 표현하는 것이다. 이 장에서 논하려는 셋째 과제는 정지해 있는 화면에 움직이는 대상을 표현하는 것이다. 이에 대해 수많은 화가들이 나름의 해법을 내놓았지만 만족할 만하게 움직임을 표현하기 시작한 것은 인상주의 이후의 일이다.

인상주의 이전의 움직임 표현은 움직이는 대상을 중심으로 이루어졌다. 다시 말해 움직이는 대상의 특징들을 정확히 재현함으로써 움직임을 표현하려 했다. 예컨대 달리는 사냥개는 앞발을 앞으로 뻗고 허리는 길게 편 자세라고 생각하고 그대로 그리는 식이다. 유명한 미술사학자 알로이스 리글(A. Riegle)의 용어를 빌리면 '촉각적' 표현이라고 할 수 있을 것이다. 아는 대로 그린다는 뜻이다. 그러나 이런 표현은 감상자들의 머리에 '사냥개가 달리고 있다' 고 말할 수는 있지만 가슴과 대화하기에는 부족했다.

138
파울로 우첼로, 「사냥」, 1460. 어두운 숲속에서 이렇게 분명히 사람이나 사냥개가 보인다는 것은 불가능하다. 더구나 모두 움직이는 대상들이다.

인상주의는 말 그대로 움직임의 시각적 인상을 표현하려 애썼다. 이들은 움직이는 대상 자체보다 그것을 보는 관찰자의 입장에서 느껴지는 인상을 중시했다. 그림 139는 터너의 「폭풍우」이다. 터너는 인상주의가 시작되기 수십 년 전에 이미 더 인상주의적인 작품을 그렸던 작가로 유명하다. 주요 작품으로는 「노예선」 「위대한 서부철도」 등이 있다. 이 그림들의 소재는 폭풍우치는 바다에서 위급한 상태에 빠진 노예선, 눈보라 치는 바다, 비바람 속을 뚫고 달려오는 기관차 등인데 이보다 더 드라마틱할 수 없을 정도로 화면이 역동적으로 휘몰아친다.

폭풍우 치는 바다, 눈보라, 비바람 등, 이 그림의 소재들은 움직임을 낱낱이 볼 수 있는 것들이 아니다. 폭풍우 치는 바다라 하면 전체적으로 요동치는 수면을 말하는 것이지 개개 파도의 움직임을 말하는 것도 아니거니와 파도 자체를 일컫는 말도 아니다. 눈보라의 경우에도 개개의 눈송이를 보거나 그린다 한들 달리는 말이나 사람처럼 구체적으로 움직임을 인지할 수 있는 것은 아니다. 이런 애매한 대상의 움직임을 표현한 사람이 터너다. 다시 말해 터너는 다른 화가들이 거의 시도하지 않은 대상의 움직임을 그려낸 것이다.

터너는 빗줄기나 파도를 커다란 사물의 표면으로 보고 그 표면이 움직일 때의 흐릿한 인상을 그리는 방식으로 움직임을 표현하고 있다. 「폭풍우」에서도 요동치는 바다의 표면과 그 위를 뒤덮는 뿌연 표면에 휘돌아가는 방향의 결을 주며 흐

릿하게 처리해 드라마틱한 풍경을 그리고 있다.

139
윌리엄 터너, 「폭풍우」, 1840.

앞서도 말했지만 이 역동적인 화면 어디에도 구체적인 대상의 움직임은 찾아 볼 수 없다. 예컨대 기우뚱거리는 조각배 하나 그려넣지 않았다. 어떻게 이런 추상적인 모습으로 생생한 움직임을 표현할 수가 있는 것일까? 브래딕(O. Braddick)은 두 가지로 설명한다. 하나는 달리는 사물에서 볼 수 있는 표면의 흐릿한 모습, 즉 흐릿한 표면결을 모사했기 때문이라는 것이다. 그러나 실제로 운동감을 잘 느낄 수 있는 속도에서는 이런 흐릿해진 표면이 지각되지 않는다고 한다. 다른 하나는 우리 대뇌에는 특정한 방향의 움직임에 반응하는 뉴런이 있는데 이런 뉴런 가운데 최적의 운동 방향과 움직이는 사물의 윤곽 방향이 일치할 때

140
두 그림은 움직임을 표현하기 위해 서로 다른 기법이 사용되었다. 좌측 그림은 펭귄의 뒤뚱거리는 걸음과 기법이 맞아떨어지는 경우다. 반면 우측은 펭귄의 움직임 특성과 다른 기법이 서로 어울리지 않은 경우이다.

활성화되는 뉴런이 있기 때문이라는 설이다. 그러나 이 두 가지 설명은 아직은 논란의 여지가 많다.

다른 설명이 가능할 것 같다. 우선 기본적으로 생각해야 할 것은 운동감이라는 게 특정한 사물이나 짐승이 단순히 움직이는 느낌을 말하는 것만은 아닐 거라는 점이다. 적어도 미술작품에서 운동감이라고 할 때에는 운동하는 대상의 특징까지 포함한 의미로 생각해야 할 것 같다. 예컨대 동일한 기법이 어떤 대상에서는 운동감을 느끼게 할 수 있지만 다른 대상에서는 그러기 어려운 경우가 있다. 특정 대상의 움직임의 특징과 기법이 맞아떨어질 때 비로소 운동감이 표현된다는 것이다. 위의 그림이 그러한 사례인데 좌측 그림은 펭귄의 뒤뚱거리는 움직임과 기법이 서로 어울리고 있어 운동감을 전달할 수 있지만 우측의 것은 그렇지 못하다. 우측 그림에서는 펭귄의 운동감보다는 카메라의 움직임을 느낄 수 있다고 보는 것이 옳을 것이다.

운동감을 느꼈다는 말 속에는 어떤 대상이 움직이고 있다는 사실은 물론 '그 대상이 무엇이다' 라는 정보까지 파악했다는 의미가 포함되어 있다. 이런 정보를

141
자코모 발라, 「칼새—움직임의 연속」. 운동감을 느낄수 있지만 그 운동감이 칼새의 느낌을 주지는 않는다. 칼새의 비행궤적을 표현하는 것으로는 부족하다는 말이다.

담고 있지 못한 움직임 표현은 작품에 생생한 운동감을 주기 어렵다. 예컨대 브래딕은 깡충깡충 뛰듯 이곳저곳을 날아다니는 칼새를 마치 제비나 갈매기의 부드럽고 긴 비행처럼 표현한 자코모 발라의 「칼새—움직임의 연속」이라는 작품을 대표적인 사례로 들고 있다. 앞서 본 펭귄 그림에서 우측 것은 궤적을 이용한 운동감의 표현이었다. 발라의 그림도 마찬가지로 칼새의 비행궤적을 보여준다는 점은 동일하다. 그러나 칼새라는 느낌은 물론 생생한 운동감을 느낄 수도 없다. 칼새의 비행에서 표현하지 못하고 놓친 특징이 있기 때문이다.

생생한 움직임을 느낄 수 있는 많은 그림이 있다. 그 그림들의 기법은 다양하고, 각기 독특한 운동정보를 담고 있다. 대상의 정체에 관한 정보도 그 가운데 하나일 것이다. 먼저 화가들이 움직임을 표현하기 위해 즐겨 사용해온 방법들을 살펴보자.

여러 명의 흑인 분장을 한 사람들이 무대 위에서 연기를 한다고 하자. 그리고 그 사람들 가운데 당신의 친구가 있어 그를 찾으려 한다고 하자. 분장이 비슷해 찾기가 쉽지 않을 것이다. 그러나 가만히 보고 있으면 친구의 걸음걸이 등 익숙한 몸짓이 눈에 들어올 것이다. 사람마다 고유한 몸동작이 있어 우리는 부지불식간에 그것을 이용해 사람과 사람을 구별하곤 한다.

이보다는 덜 까다로운 상황이 있다. 남성들 속에서 여성을 찾아내거나 그 반대의 경우가 그것이다. 남성과 여성 사이에는 몸동작, 특히 걸음걸이에서 중요한 차이가 있기 때문이다. 미국 배우 더스틴 호프먼이 여장을 하고 나오는 영화 〈투시〉가 있다. 호프먼이 여성의 몸동작이나 말투를 배우기 위해 애쓰는 장면이 나오는데 결국 그의 여성적 몸동작은 하이힐을 신었을 때에야 비로소 완성된다.

남성과 구분되는 여성만의 특징적인 몸동작은 여성의 부드럽고 섬세한 성격에서만 나오는 것이 아니다. 여성의 무게중심이 남성보다 높은 것도 중요한 이유 가운데 하나인데, 여성은 남성보다 유연하게 여러 자세를 취할 수 있다. 예컨대 다리를 벌리고 무릎 꿇은 상태로 엉덩이를 바닥에 붙이는 자세를 여성은 쉽게 취하지만 남성은 거의 불가능하다. 더스틴 호프먼이 하이힐을 신었을 때 비로소 여

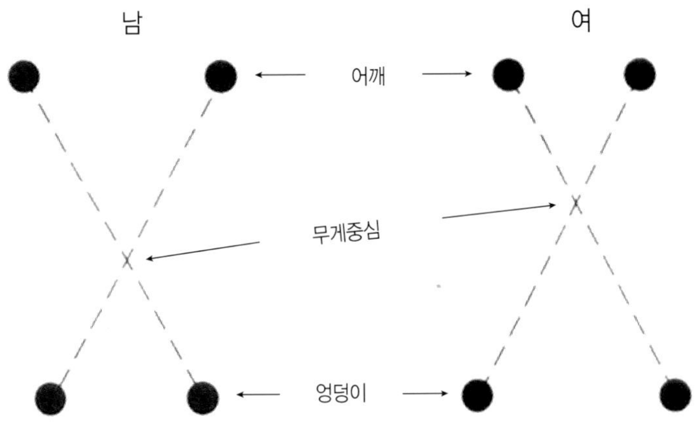

142
여성과 남성 보행자의 무게중심의 차이. 여성의 무게중심이 상대적으로 더 높은 곳에 있다.

143
마르셀 뒤샹, 「계단을 내려오는 누드」, 1912. 형태를 해체했지만 내딛는 다리의 리드미컬한 움직임과 전체적인 무게중심을 통해 여인이 계단을 내려오고 있다는 것을 쉽게 알 수 있다. 동작의 특징만으로 한 여인을 표현한 셈이다.

성의 걸음걸이를 흉내 낼 수 있었던 것도 몸의 무게중심을 높게 했기 때문이다.

여성과 남성의 미세한 신체적 차이가 이런 움직임의 차이를 만드는데 종과 종 사이에는 얼마나 큰 차이가 있겠는가? 제비의 미끄러지는 듯한 날렵함과 참새의 폴짝거리며 이리저리 방향을 바꾸는 움직임, 캥거루의 포물선을 그리는 점프와 임팔라의 경쾌한 도약, 호랑이나 사자의 느릿하고 묵직한 걸음걸이와 치타의 겅중거리는 모습.

종들 간의 신체적 특징이 이런 움직임의 차이를 만들어낼 테지만 그 차이는 구체적으로 무엇일까? 브래딕은 그것을 움직임의 패턴과 리듬이라고 한다. 이런 면에서 마르셀 뒤샹의 「계단을 내려오는 누드」(그림 143)는 대단히 성공적으로 움직임의 효과를 만들어내는 그림이다.

이 그림은 계단을 내려오는 여인의 모습을 스트로보스코픽(stroboscopic) 연속 이미지로 그린 것이다. 스트로보스코픽 이미지를 통해 움직임의 궤적을 볼 수 있지만 이것으로 생생한 움직임을 표현하기는 부족하다. 예컨대 개와 고양이가 동일한 장소를 움직였다면 궤적은 동일할 것이다. 그래서 궤적만으로는 개 혹은 고양이의 생생한 움직임을 표현하기 힘들다.

고양이와 개의 걷는 리듬과 운동 패턴을 보여주어야 한다. 「계단을 내려오는 누드」의 경우도 마찬가지다. 여인이 내려오는 리듬과 패턴을 보여주어야 한다. 뒤샹은 여인의 형태는 해체했지만 여성적 운동 리듬과 패턴은 그대로 남겨두었다. 우선 흰 선으로 표시된 것처럼 신체의 무게중심을 높게 잡아, 내려오는 인물이 남성이 아닌 여성임을 표현하고 있다.

계단을 내려오는 걸음걸이의 특징도 잘 살려내고 있다. 한 계단에서 그 밑 계단으로 내려올 때 잠시 멈추었다 다음 계단으로 걸음을 떼는 리듬이 스트로보스코픽 연속 이미지에 그대로 살아 있다. 계단을 올라가는 움직임은 이와 또 다를 것이다. 이렇게 움직일 때마다 다른 특징이 발현되어 이루어진 형상을 키네틱 형태(kinetic form)라고 한다.

키네틱 형태는 여러 가지 속성으로 이루어져 있고, 리듬과 운동 패턴은 그 속성 가운데 일부다. 키네틱 형태가 잘 표현되어 있다면 구체적인 대상이 없어도 움직이는 느낌을 만들어낼 수 있다. 키네틱 형태를 우리는 매우 예민하게 느끼기 때문이다. 그래서 형태를 겨우 볼 수 있을 정도로 먼 거리에서도 누구인지, 그 사람의 상태는 어떤지도 알 수 있는 것이다.

키네틱 형태에 대한 우리의 민감도를 보여주는 사례가 요한슨 등이 만든 포인트라이트 디스플레이(point-light display)다. 검은 옷을 입은 사람의 관절에 야광 스티커를 부착하고 어둠 속에서 춤추게 한 것이다. 사람의 윤곽이 안 보이는 이 그림을 보고 무엇인지 알아낼 수 있는 사람은 없다. 그러나 이것을 동영상으로 보면, 그래서 소위 키네틱 형태가 드러나게 되면 대번에 춤추는 사람이라는 것을 알아챌 수 있다. 포인트라이트 디스플레이를 이용한 여러 실험이 있었는데 어떤

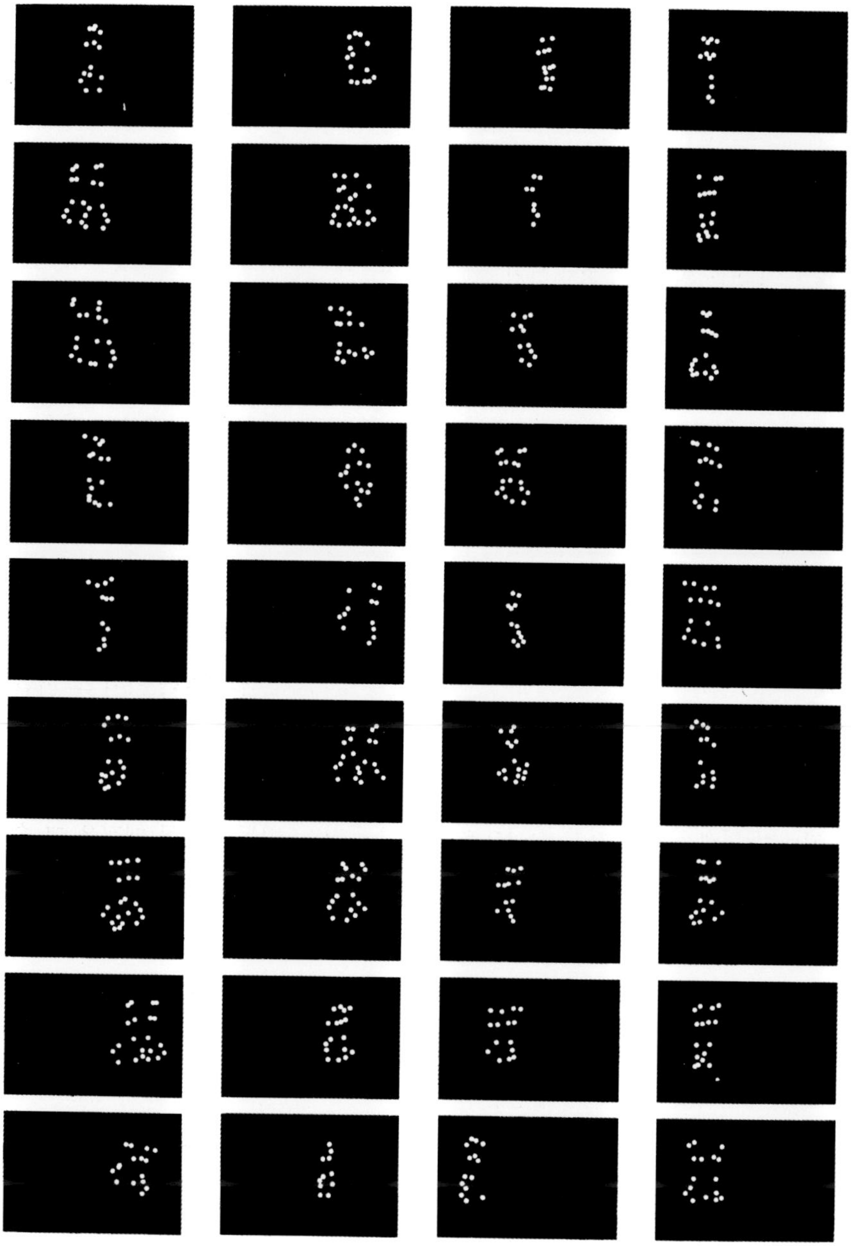

144
요한슨의 실험에 사용됐던 포인트라이트 디스플레이의 연속 프레임들. 정지된 상태에서는 알아보기 힘들지만 연속해서 보면 춤추는 농부의 모습이다.

145
자코모 발라, 「경주용 자동차」. 자동차의 모습은 보이지 않지만 거친 굉음을 내는 강력한 엔진의 기계적 움직임이 기하학적인 형태의 리드미컬한 반복과 키네틱 결 속에 남아 있다.

실험에서는 사람의 몸무게를 3.4킬로그램 오차 내에서 변별해냈다고 한다.

키네틱 형태에 대한 민감성은 생존 본능에서 생긴 것 같다. 브래딕은 초식동물 무리를 사냥하는 사자나 늑대 같은 포식자들을 예로 들어 설명한다. 포식자들은 먹잇감으로 우선 어리거나 다쳐서 쉽게 잡을 수 있는 것들을 고른다. 수십 수백 마리 무리 중에 숨어 있는 다친 먹잇감을 찾는 일은 쉽지 않아 보이지만 포식자들은 어렵지 않게 찾아낸다. 걸음이 조금 느리거나 다리를 약간 저는 개체를 찾는다고 생각하면 어려울 수 있으나, 다른 무리들과 구별되는 리듬을 찾는다고 생각하면 간단할 수 있다.

■■ 움직이는 질감, 움직이는 형태

앞에서 예로 든 터너의 그림으로 다시 가보자. 터너가 그린 증기 기관차는 바퀴나 굴뚝에서 나오는 증기를 제외하면 달리는 중이라도 모습이 달라지지 않는

146
눈앞을 지나가는 말과 기수는 오른쪽 사진처럼 흐릿하게 보일 것이다. 반대로 움직이는 대상에 시선을 고정하면 왼쪽 사진처럼 말과 기수는 선명하지만 배경이 흐릿할 것이다.

다. 움직임이 강하다는 인상을 주는 것은 휘몰아치는 빗줄기와 하늘의 구름, 흐릿하게 비껴가는 좌우의 수풀, 뒤로 내뿜는 검은 연기다. 그렇다고 빗방울이나 수풀 하나하나의 형태를 본다거나 하는 것은 아니다. 전체적인 특징, 즉 일종의 결을 지각하는 것이다. 브래딕은 이를 키네틱 형태라고 한 것과 구별해 키네틱 표면결(kinetic texture)이라고 했다.

키네틱 결을 이용해 운동감을 표현하는 방법은 크게 둘로 나눌 수 있을 것 같다. 하나는 움직이는 대상에 시선을 고정할 수 있을 때의 상황으로, 움직이는 대상은 선명하게 보이지만 그 주변 환경의 결을 흐릿하게 처리하는 것이다. 다른 하나는 반대의 경우로 움직이는 대상의 결을 운동 방향에 맞게 흐릿하게 처리하고 주변을 선명하게 처리하는 경우다. 그림 146이 그러한 경우인데 당신은 어느 것이 더 운동감을 적절히 표현하고 있다고 생각하는가?

르누아르는 전자를 생각한 것 같다. 그림 147은 르누아르의 「그랑 불바르Les Grands Boulevards」이다. 르누아르의 스타일대로 그림 대부분이 거친 붓터치로 표현되어 있어 전체적인 이미지는 알 수 있지만 그림의 세부는 많이 생략되어 있다. 그런데 몇 군데 예외가 있다. 아래 도해에 점선 표시가 되어 있는 부분들이다.

이 부분들은 다른 부분에 비해 상대적으로 묘사가 세밀해 관객의 시선을 자연스럽게 유도하고 있다. 마치 그림 146에서 본 것처럼 선명한 부분은 시선의 중심을, 다른 흐릿한 배경은 주변시(視)를 묘사한 것처럼 보인다. 이 가운데 오른쪽

147

오귀스트 르누아르, 「그랑 불바르」, 1875. 아래 다이어그램은 다른 부분보다 상대적으로 선명한 부위들이다.

하단에 있는 말은 다른 선명한 상과 다른 점이 있다. 다른 대상들은 거의 정지해 있는데 이 말만은 그렇지 않다. 그림의 전면을 향해 머리를 끄덕이며 마차를 끌고 있다. 이것만 움직이는 대상이다.

이 광장의 모습을 표현하는 데 덜그덕거리며 굴러가는 마차와 마차를 끄는 말의 움직임은 절대 빼놓을 수 없는 요소였을 것이다. 르누아르는 말머리와 앞부분을 상대적으로 선명하게 처리해 다른 흐릿한 부분을 키네틱 결로 만들어버렸다.

터너와 르누아르 이전에 움직임을 이런 식으로 표현한 화가는 거의 없다. 만약 우첼로가 이런 식으로 표현했다면 그 그림은 아마 그림 148과 같은 식이었을 것이다.

인상파 이전의 화가들이 움직임을 표현하기 위해 사용해온 방법들을 프리드먼(S. Friedman)과 스티븐슨(M. Stevenson)은 네 가지로 구분했다. 1) 단일시점, 단일 순간의 표현 2) 다중시점 표현 3) 메타포 4) 추상적 표상 등이다.

단일시점, 단일 순간의 표현은 움직이는 대상의 어느 한 순간을 포착해 표현하는 것이다. 이 표현의 핵심은 정지한 상태와 다른 모습을 찾아내는 것이다. 어떤 사물은 이미 움직임을 내포하고 있다. 예컨대 강물이나 불길은 정지해 있을 수 없는 것들이다. 이와 비슷하게, 그려진 대상이 놓여 있는 맥락이 움직임을 암시하는 경우도 있다. 스키장의 스키 선수나 공중에 떠 있는 새가 그런 경우다. 그러

148
르누아르의 「그랑 불바르」에서와 같은 방식으로 우첼로의 「사냥」을 변형한 것. 사냥터의 소란스러운 움직임을 표현하는 방식으로는 더할 나위 없이 적절해 보인다.

149
앤드루 위스, 「바다에서 부는 바람」, 1968. 정지했을 때와 다른 모습을 보이는 특정 시점을 포착한 경우.

150
「구름을 타고 하늘에서 내려오는 아이」. 11세기경의 일본 그림. 발밑 선들은 바퀴 움직임의 궤적을 표현한 것으로 근세 이전의 회화에서 시각적 메타포를 사용한 드문 경우다.

나 대개 맥락은 움직인다는 느낌을 강조해주는 역할을 하지 그 자체로 움직임을 느끼게 하는 경우는 드물다. 그림 149에서 보는 커튼의 움직임은 바람이 불지 않을 때의 커튼과의 차이에 착안한 것이다.

다중시점 표현은 스트로보스코픽 연속 이미지와 비슷한 것으로, 한 화면에 대상의 움직임을 연속적으로 표현하는 것을 말한다. 메타포는 자동차에 팔다리를 그려넣어 움직임을 표현하거나 화살표 같은 상징물을 이용해 움직임을 표현하는 경우다. 먼지나 김 같은 것이 대상의 뒤에 붙어 움직임을 표현하는 경우도 마찬가지다. 움직이는 대상을 사진으로 찍을 때 나타나는 특징들도 이에 해당되는데 이를 '사진적 효과'라고 한다. 르누아르의 그림에서 말머리를 표현한 방식이 여기에 해당된다고 볼 수 있다. 르누아르 이전에 이런 기법으로 움직임을 표현한 경우는 매우 드물어서 11세기에서 12세기경에 그려진 일본화(그림 150) 정도에서 발견될 뿐이다.

종종 구체적인 대상 없이 선과 색으로만 그린 추상화에서 강한 움직임을 느낄 수 있는 경우가 있다. 그림 145의 경우가 그러한데 이렇게 특정한 선이나 질감이 운동감을 줄 수 있다는 이야기는 앞에서 공감각을 논하며 소개한 적이 있다.

14

인상주의의 색감 만들기

미술사에서 인상주의의 등장만큼 근본적이고 획기적인 변화를 준 사건은 없었다. 그럴 수밖에 없는 여러 사정이 있었지만, 어찌되었건 인상주의 미술은 더할 나위 없는 생동감과 인간미 넘치는 아름다움을 미술사에 부여했다.

■■ "인간은 이렇다"와 "인간은 이럴 것이다"

인상주의 미술이 생동감과 인간미를 얻었다면 잃은 것도 있다. 이전의 신고전주의나 낭만주의 미술을 보라. 그 작품들에는 진지함과 품위, 역동성이 있다. 인상주의 미술이 "인간은 이렇다"고 말하고 있다면 고전기 미술은 "인간은 이래야 한다" 혹은 "인간은 이럴 것이다"를 보여준다. 인상주의 미술은 바로 이것을 포기한 것이다. 왜 이런 결과가 나왔을까? 고전기와 인상주의 회화를 비교해보자.

고전기 미술은 매우 정교하게 투시도법이 적용되어 있고 음영 표현이 사실적

151
앵그르, 「발팽송의 목욕하는 여인」, 1808. 커튼이나 여인의 무릎 뒷부분, 침대 밑 등을 보면 음영 표현이 매우 사실적이고 정교하며, 검은색을 사용했다는 것을 알 수 있다. 그러나 반사광이 고려되지 않았고 윤곽도 실제와 달리 매우 선명하다.

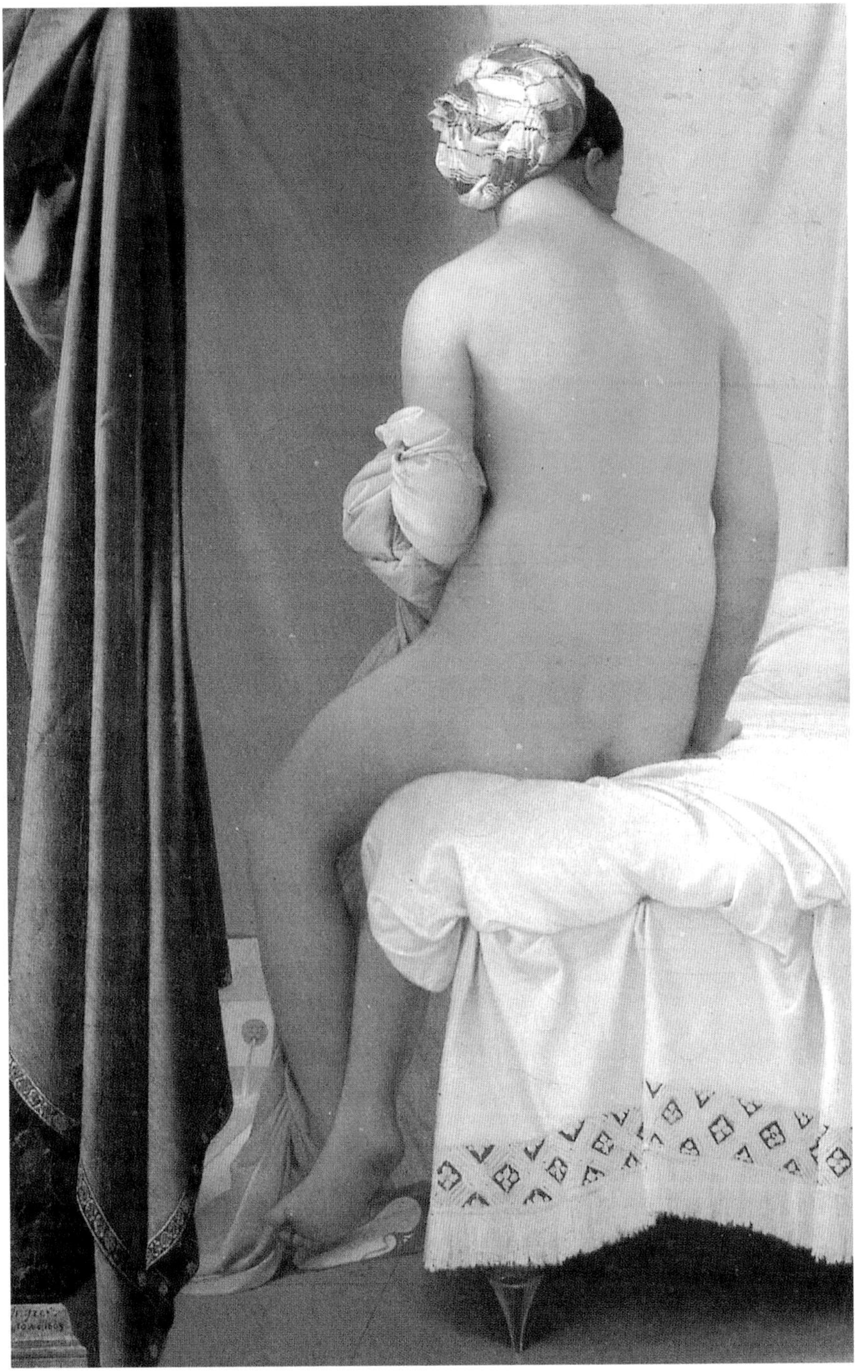

152
신고전기 미술의 어두운 음영은 자연스럽게 색채의 충돌을 완화하는 역할을 한다.

이다. 또한 음영 표현에는 대부분 검정 물감을 이용했다. 그래서 그림이 전체적으로 어둡고 무거운 느낌을 준다. 이런 어두움 속에서는 무슨 색을 사용하더라도 그 색상이 두드러져 보이지 않는다. 두드러진다 해도 음영의 검은색이 보색과의 만남을 가로막아 충돌이 일어날 가능성이 적다. 고전기 미술의 색채에 대한 절제는 이렇게 자연스럽게 이루어졌고 당대의 시대정신과도 맞아떨어졌다.

고전기 미술은 우리가 '아는 세상' 을 그렸다. 우리는 탁자와 그 위에 놓인 접시가 분명 분리된 대상이라는 것을 '안다' . 아는 대로 탁자와 접시가 시각적으로 절대로 서로 섞이지 않게 그려야 했다. 조명이 어두워 탁자와 접시가 한 덩어리로 보인다면 고전기 화가들은 이 문제를 놓고 고민했을 것이다. 아마 실제와 달리 부분적으로 조명을 밝게 하여 이 문제를 해결했을 것이다. 물론 르네상스 시대에 레오나르도 다빈치가 개발한 스푸마토(sfumato)라는 기법이 있다. 이것은 부드럽고 신비스러운 느낌을 주기 위해 윤곽을 선명하게 그리지 않고 흐릿하게 처리하는 기법이다. 모나리자의 눈과 입 부분에서 볼 수 있다.

스푸마토 기법이 있다 해도 그것은 어디까지나 부드러운 느낌 혹은 어두운 색과 같이 쓸 때 나오는 중후한 느낌을 위해 제한적으로 사용되었을 뿐이다. 그러나 인상주의 미술은 그렇지 않다. 인상주의 미술은 '보이는 세상' 을 그린다. 분리되어 보이지 않는다면 그렇게 그린다. 특정한 느낌을 주기 위해서라기보다 그렇게 보이기 때문이다.

인상주의 미술에는 왜곡은 있지만 과장은 없다. 보인 대로, 느낀 대로 그린다. 느낀 대로 그리다보니 사실을 왜곡하기도 하지만 위대한 주인공을 만들기 위해

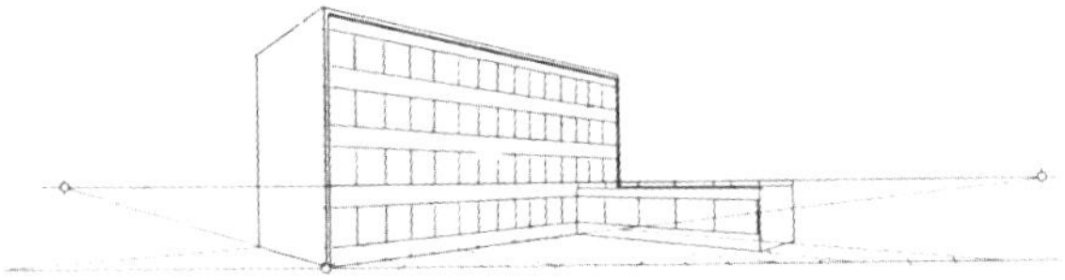

153
프란시스코 고야, 「스페인 국왕 페르난도 7세」, 1814. 국왕의 위엄을 표현하기 위해 인물을 중앙에 배치하고 아래에서 올려다보는 시점으로 그렸다. 이 그림에서는 쉽게 파악하기 어렵지만 오른쪽 그림에서 보듯 소실점을 가까이 잡아 국왕의 모습이 강조되어 있다.

투시도법을 심하게 적용하거나 사다리꼴 구도를 사용하는 식의 과장은 없다. 그래서 이전 미술에 비해 상대적으로 평면적이고 인간적이다. 이들은 관념을 중시하지 않고 그때그때 느껴지는 시각적 인상을 중시했다. 그러다보니 태양이 만드는 찬란한 색상과 빛의 작용을 연구해야만 했을 것이다.

■■ 광학적 혼색, 점묘화

인상주의가 빛에 대한 연구에 몰두했다는 것은 잘 알려진 사실이다. 이들은, 사물의 표면이 빛의 특정한 파장을 반사해 색이 생긴다는 것을 알고 있었고 검정에 해당하는 빛이란 없다는 것도 알고 있었다. 그래서 가급적 검정을 사용하지 않았다.

쇠라의 점묘화는 바로 햇볕 속의 풍경과 동일한 느낌을 주기 위해 그린 것이다. 쇠라만큼은 아니지만 고흐나 르누아르 등이 모두 작은 붓터치를 이용해 사물의 표면을 여러 색으로 나누어 빛과 색의 가변성을 그림 속에 구현하려 했다.

세 거장의 그림은 모두 전반적으로 화사하다는 공통점이 있지만, 그중에서도 쇠라는 단정하고 르누아르는 부드러우며 고흐는 역동적이라는 특징이 있다. 이들의 그림이 화사한 이유는 색면을 잘게 나누어 그린 기법 때문이고 세 화가의 개성이 나타나는 것도 상당 부분 색면의 상대적인 크기가 다르기 때문이다.

화사한 이유부터 자세히 살펴보자. 앞서 말한 대로 인상주의 그림들은 인상을 중시했지 사실을 중시하지 않았다. 특히 대상들 간의 상대적 원근 표현에 그리 집착하지 않았다. 쉽게 말해 투시도법을 무시하거나 투시도법을 적용하더라도

154
시계방향으로 쇠라의 「그랑자트 섬의 일요일 오후」, 르누아르의 「화장하는 여인」, 고흐의 「아를의 햇볕」. 세 그림의 전체적 인상은 모두 화사한 편이지만 쇠라가 차분하고 곱다면 고흐는 상대적으로 거칠고 역동적이다. 반면 르누아르는 부드럽다.

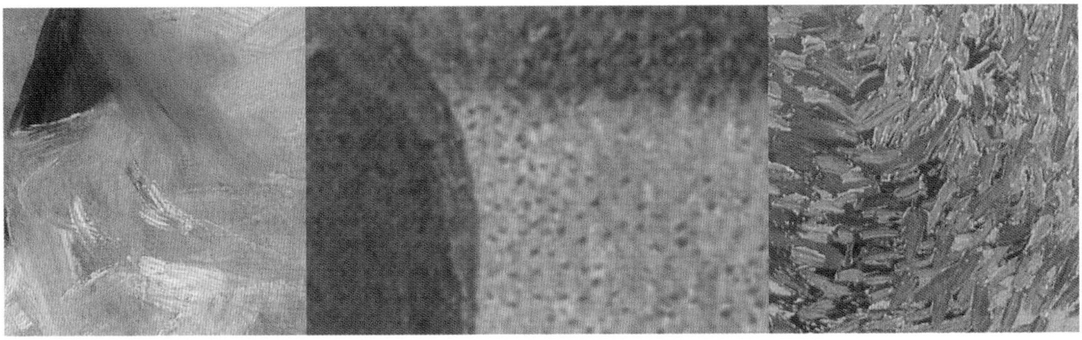

155
왼쪽의 「화장하는 여인」은 색면의 크기가 다양하면서도 전반적으로 매우 큰 편이다. 「그랑자트섬의 일요일 오후」는 색면이 매우 작아 색의 혼합이, 「아를의 햇볕」에서는 감상 거리에 따라 색의 동화와 혼합이 번갈아 발생할 것이다.

소실거리를 길게 하여 그림을 평면적으로 만들었다. 또한 검은색을 가급적 적게 사용해 밝기대비를 약하게 했다. 위에서 보는 세 거장의 그림 가운데 특히 쇠라의 그림에서는 검은색을 거의 찾아볼 수 없다. 르누아르의 그림에서는 검은색에 버금가는 짙은 색들이 종종 보이기는 하지만 고전기 미술과 비교하면 많이 줄었다. 이들 그림들은 검은색을 적게 사용해 고전기 미술만큼 강한 공간적 깊이를 표현하지는 못하지만 대신 많이 밝아졌다.

두번째 이유는 이들이 광학적 색채 혼합(optical color mixing)이라고 할 수 있는 점묘법을 사용하여 감법혼합(subtractive mixture)의 약점을 어느 정도 해결했다는 것이다. 흔히 빛의 혼합을 가법혼합(additive mixture)이라 하고 염료의 혼합은 감법혼합이라고 한다. 감법혼합은 색의 채도와 밝기를 떨어뜨린다. 그러므로 염료를 사용하는 구상화는 현실보다 탁한 모습이기 쉽다. 그러나 점묘화가들은 물감을 혼색해서 칠하지 않는다. 색채의 혼합은 우리의 시각에서 일어나지 결코 인상주의 화가의 팔레트에서 일어나지 않는다. 이렇게 하면 색채의 채도가 떨어지지 않고 어두워지는 것도 방지할 수 있다.

광학적 혼합은 보는 거리에 따라 다른 색감을 만들어내기도 한다. 우리는 그림을 한자리에 고정된 채 감상하지 않는다. 가까이 다가가기도 하고 좀 뒤로 물러나 보기도 한다. 가까이 다가서면 색색의 면들이 좀더 잘 보이고 뒤로 물러서면 색면들이 섞여 새로운 색감을 경험하게 된다.

이와 같은 관점에서 세 거장의 그림이 서로 다른 느낌을 주는 이유를 살펴보

자. 그림 155는 르누아르의 「화장하는 여인」, 쇠라의 「그랑자트 섬의 일요일 오후」, 고흐의 「아를의 햇볕」의 부분을 원화와 동일한 비례로 확대한 것이다.

이 세 그림의 색면들, 다시 말해 붓자국의 크기는 그림에 따라 매우 큰 것, 중간 크기, 그리고 가늘게 갈라진 것까지 다양하지만 전체적으로는 가운데 있는 쇠라의 색면이 가장 작다. 그 다음이 고흐이고 르누아르의 그림은 비교적 색면이 크지만 크기가 일정하지 않다.

르누아르의 그림은 같은 인상주의 작품들 가운데 비교적 채도가 낮은 대신 부드러운 느낌이 강하다. 그가 점묘법을 가장 소극적으로 받아들였고 그 대신 스푸마토 기법을 많이 사용했기 때문이다. 르누아르의 그림은 작품에 따라 고흐 작품 수준까지 화면을 잘게 나눈 것도 있기는 하지만 전반적으로 붓자국의 크기가 큰 편이다. 이는 물감을 팔레트에서 섞어 칠했다는 말이 되는데, 그렇게 하면 아무래도 과감한 배색을 하기가 어려워진다. 마티스의 그림은 색면이 크면서도 과감한 보색대비가 특징인데 이런 느낌을 의도하지 않는 이상 배색은 조심스러워진다. 그래서 르누아르의 그림에서 보듯 색채를 유사색 중심으로 사용하기 쉽다.

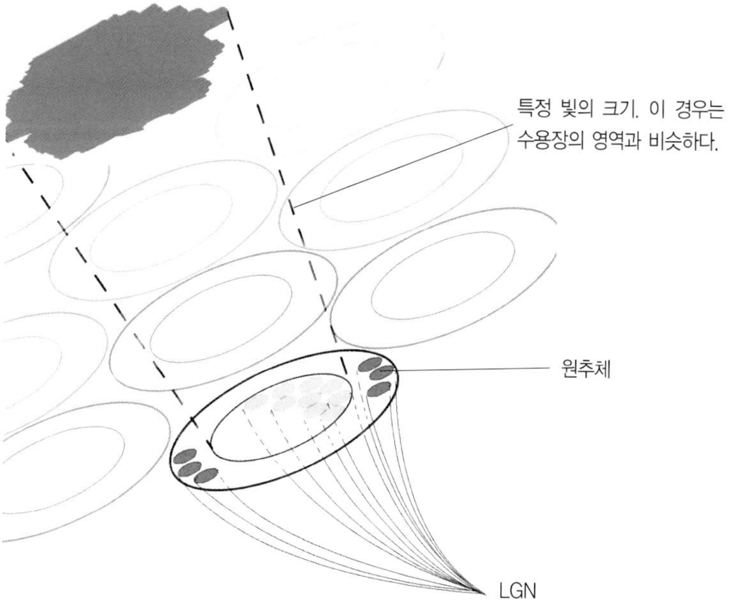

156
130여 개의 원추체들로 구성된 수용장의 중심부 크기와 색면의 크기에 따라 색감은 달라진다. 이 경우는 수용장의 중심부와 색면이 거의 비슷한 크기로 색채대비를 경험할 가능성이 크다.

157
오프셋 인쇄물의 색감은 수용장보다 크기가 작은 색점이 만드는 색채 혼합의 대표적인 사례다.

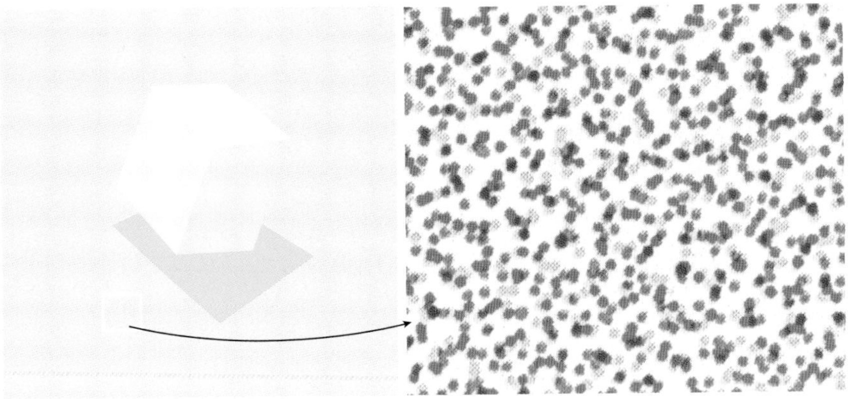

■■ 수용장의 크기와 색의 혼합, 동화, 대비

쇠라의 그림에서처럼 색면이 작으면 배색이 용이해지는 데는 까닭이 있다. 서로 다른 색상의 작은 색면들이 한 공간에 뒤섞여 있으면 색면의 크기에 따라 색의 동화나 혼합이 일어나기 때문이다. 앞에서 인간의 망막에는 장파장, 중파장, 단파장의 빛에 선별적으로 반응하는 세 가지 추상체가 존재한다고 했다. 망막 상에 있는 약 1억 3000만 개의 추상체와 간상체들은 약 100만 개 정도의 신경절을 거쳐 LGN(측면슬상핵) 세포에 수렴된다. 이 신경절 세포와 LGN 세포는 망막상에 색채대립적 수용장을 갖고 있다고 알려져 있다. 수용장은 신경절 및 시신경 세포에 약 130 대 1의 비율로 수렴되는 130여 개의 감광세포들이 망막에서 점하고 있는 부위를 말한다.

빛이 수용장의 어느 부위에 떨어지느냐에 따라 우리는 상이하게 색을 지각한다. 만약 색면이 추상체보다 작으면 색채의 혼합이 일어나고 수용장보다 작으면 어느 정도의 색채 혼합이나 동화가 발생한다. 수용장보다 크면 색채대비 현상을 지각하게 된다. 원색의 오프셋 인쇄물은 눈으로 파악하기 어려운 작은 빨강, 파랑, 노랑, 검정 점들로 구성돼 있다. 이 작은 색점들은 망막 상에서의 크기가 추상체보다 작아 색의 혼합을 발생시킨다.

하여간 위에서 본 세 거장의 그림에서는 색면들이 인쇄물의 망점보다는 크지

158
고흐의 「푸른 하늘과 보리밭」의 부분. 마치 팔레트에서 물감을 섞듯이 캔버스 위에서 물감을 섞으며 채색했다. 붓을 거칠게 사용해 색면이 갈라지기도 하고 더러는 밑색을 드러내기도 한다. 왼쪽 청색은 칠하면서 미처 마르지 않은 짙은 색과 섞이기도 했다.

만 색채의 혼합이나 동화가 발생하고 때로 색면이 수용장보다 커 색채대비를 일으키기도 한다. 쇠라의 그림은 충분한 거리에서 보면 혼합된 색채를 지각하게 되지만 가까이 다가가서 보면 망막 상에서의 색면의 크기가 커져 색채의 동화가 발생한다. 색채의 동화란 파란색과 노란색이 인접해 있을 경우 파란색은 노란색의 느낌이, 노란색은 파란색 느낌이 더해져 서로 유사한 색으로 지각되는 것을 말한다. 이렇게 상황에 따라 색의 동화가 경험되기도 하지만 쇠라의 그림에서 느껴지는 전체적 색감은 색채 혼합이 결정한다고 해도 과언이 아니다.

반면 고흐의 그림에서는 색채 혼합을 '경험'할 수 있을 정도로 작은 색면은 많지 않다. 그러나 색채 혼합은 발생한다. 색이 칠해진 방법 때문이다. 이 색면들은 균질하지 않고 갈라져 있다. 물감을 칠할 때 붓의 끝부분에서 갈라진 올들에 의해 형성된 색면의 가장자리 부분에 있는 작고 가는 붓자국들 때문이다. 이 붓자국들만이 인접한 색이나 배경색과의 혼합을 일으킬 정도로 작다. 고흐는 의도적으로 붓질을 거칠게 해 이런 작은 색면들을 만들었다. 이처럼 여러 색의 작은 색면들이 함께 있으면 그 부분에서는 색의 혼합을 경험하게 된다. 다시 말해 청색과 노란색의 작은 색면이 공간적으로 섞여 있으면 녹색을 경험하게 된다. 이런

159
빨강과 파랑에 특정한 색광을 비추면 두 색은 동일한 색조를 띠게 된다. 공통적인 속성이 생기므로 두 색의 충돌은 그만큼 완화된다. 변한 두 색을 원래의 색에서 떼어놓고 보면 여전히 보색대비 느낌이 난다.

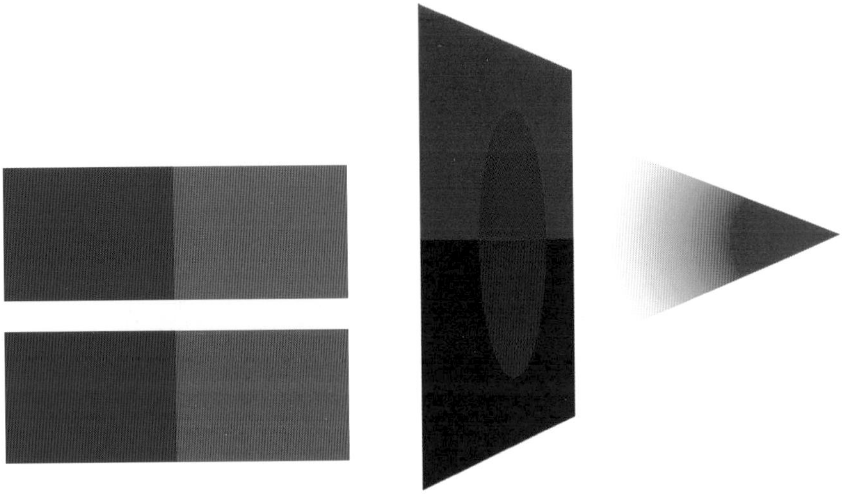

색의 혼합은 보색의 충돌을 막는 완충재 역할을 한다. 덕분에 고흐는 이런 부분에서 비교적 자유롭게 보색을 사용할 수 있었을 것이다.

이렇게 부분적으로 작은 색면들이 있기는 하지만 대체로 색면 크기는 그보다 좀 크다. 그래서 여러 색의 작은 색면들이 서로 혼합되어 지각되기보다는 서로 동화되어 지각된다. 예컨대 파란 색면과 노란 색면이 같이 있을 경우, 파란색은 노란 색조를 조금 띠게 돼 녹색의 인상이 생기고 노란색은 역시 파란 색조를 띠게 돼 약한 녹색의 느낌을 받게 된다.

여기서 현대의 디자이너들이 개발한 배색 기법 한 가지를 살펴보자. 앞에서 보색의 충돌을 이야기한 적이 있지만 디자이너들은 상황에 따라 보색으로 배색을 하기도 한다. 이럴 때 보색의 충돌을 피하면서 보색 느낌을 주는 방법은 두 보색을 서로 동화시키는 것이다. 그러기 위해 특정한 색의 조명을 두 색에 조사(照射)한다. 그림 159는 빨강과 파랑 배색에 붉은빛을 조사한 경우다.

왼쪽 위는 두 색이 동화된 상태이고 아래는 동화되기 이전의 배색이다. 색감이 확연히 달라졌다는 것을 알 수 있지만 왼쪽 하단의 색을 가리고 보면 서로 동화된 두 배색은 여전히 보색 느낌이 난다. 디자이너들이 이 기법을 사용하는 경우는 대개 보색의 충돌을 피하려 할 때다. 다시 말해 색상 차이가 많이 나는 배색을

160
오귀스트 르누아르, 「미역 감는 여인들」, 1918. 앞서 본 앵그르의 누드와 달리 검정이 거의 사용되지 않았다.

통해 활기찬 느낌을 주면서 색상의 충돌을 피하려는 것이다.

이제 고흐의 그림으로 다시 돌아가자. 고흐는 이런 기법을 모르고 있었겠지만 고흐가 사용한 색면의 크기가 비슷한 동화 효과를 내고 있다는 것은 분명한 사실이다. 아마 고흐가 동료였던 고갱만큼 강렬하지는 않지만 나름의 강렬한 배색을 할 수 있었던 이유는 이런 색면의 크기가 한몫하지 않았나 생각된다. 고흐의 그림이 쇠라의 그림에 비해 활기찰 수밖에 없는 이유도 여기 있다.

이제 르누아르에게 가보자. 르누아르의 그림은 색면의 크기가 일정치 않다. 매우 커 색면이라고 부르기 어려운 것도 있고, 고흐 못지않게 갈라진 붓터치로 미세한 색면을 만들기도 하다. 하나하나 보자. 색면의 크기가 크다는 것은 무엇을 말하는가? 망막의 추상체에 비해 색면이 클 경우 색의 대비가 일어난다고 했다. 그렇다면 색면의 크기가 큰 르누아르의 그림에서는 색의 대비가 일어나고 있는가? 그렇지 않다. 르누아르가 색면의 크기를 그대로 유지하며 고흐와 같은 방식으로 색상을 사용했다면 그 색상대비 효과는 굉장했을 것이다. 아마 고갱보다 더 강렬한 화면을 만들었을지도 모르겠다. 그러나 르누아르는 그렇게 하지 않았다.

르누아르는 색면을 크게 한 대신 유사한 색상들만을 사용했다. 대신 색상을 다양하게 사용하고 싶은 부분에서는 색면이 작아지는 것을 볼 수 있다. 르누아르는 그림에 따라 색면의 크기에 다양한 변화를 주었는데, 특히 후기 들어 색상이 다양해지면서 색면의 크기도 다양해지는 경향을 보였다. 그림 160은 르누아르가 세상을 떠난 해인 1918년에 그린 「미역 감는 여인들」로, 색상이 매우 다양하고 색면의 크기도 작아졌다. 배경의 색감과 붓터치가 고흐의 것과 유사하고 느낌도 더 활력이 넘친다.

게리 로스 감독이 만든 〈플레전트 빌Pleasant ville〉이라는 영화가 있다. 요점만 이야기하면, TV 속 흑백 세상 '플레전트 빌'로 빨려들어간 어떤 남매가 이 생기 없는 마을에 생명력을 불어넣으며 점차 영화가 컬러로 바뀌어간다는 줄거리이다. 이 영화에서 컬러는 자유로운 인간의 감정과 생명력을 표현한다. 이 영화뿐만 아니라 대개 사회에서는 사고와 감정의 자유로운 표출이 신장될 때 색채도 풍성하게 사용된다. 미술사에서 인상주의의 역할도 대개 그러한 것이 아니었나 싶다. 인상주의 미술에 나타나는 색상은 그저 색상에 생명력이 넘쳐난다는 식의 심리적 인상으로 묘사하거나 색상이 다양하다고 이야기하는 것은 뭔가 구체성도 없고 미흡해 보인다. 지금까지 이야기한 것처럼 색상의 다양성을 뛰어넘는 독특한 채색 기법, 예컨대 색면의 크기 등이 큰 역할을 하기 때문이다.

15

흐르는 강물처럼, 타오르는 불길처럼—옵아트

독일의 소설가 루이제 린저 여사는 가장 하고 싶은 일이 무엇이냐는 기자의 질문에 "아무것도 안 하고 멍하니 앉아 있는 것"이라고 답했다. 여사의 섬세한 감수성에 비할 바 못 되는 필자이지만 그런 상태를 좋아하기는 매한가지다. 하는 일 없이 운동장 구석에 멍하니 앉아 개미가 기어다니는 모습을 보거나 나뭇잎이 흔들리는 것을 보고 있자면 그렇게 좋을 수가 없었다. 그러나 이것을 드러내놓고 취미라 말하지 못한 것은 '천하에 한심한 게으른 놈' 소리를 들을 것 같아서였다. 여사의 솔직함에 자신감을 얻은 이후 감추어두었던 속내를 이제는 이야기하고 그런 상태를 즐기기도 한다.

그러나 나이가 들어 생활이 치열해질수록 그런 멍한 상태에 도달하는 것이 점점 어려워진다. 자꾸 다른 생각이 끼어들기 때문이다. 참선을 하는 스님들은 잡념을 없애기 위해 속되지 않은 생각거리를 정해 이에 몰두하는 방식으로 잡념을 없앤다고 한다. 무념무상의 상태가 현실적으로 어려우니 차라리 좋은 생각에 몰두하는 차선의 방식을 택하는 것이다. 이 생각거리를 화두라고 한다. 불자도 아닌 필자가 가끔 이런 무념무상의 상태에 빠져들 때가 있다.

어쩌다 강가에라도 가게 되면 흐르는 강물을 바라보게 된다. 그저 단순히 한 방향으로만 흘러가는 강물이지만 가만히 들여다보면 그 흐름 속에서 무궁한 변화가 생성된다. 이번에 이런 물살이 다음에는 요런 물살이 나오겠지 싶으면 또다른 물살이 생겨나온다. 똑같은 것과 비슷한 물살이 생겨나는 경우는 있어도 예상한 물살이 나오는 경우는 없다. 이를 바라보며 물살의 변화에 빠져들면 점차 머릿속이 텅 비게 된다. 그저 물살의 변화만 좇을 뿐이다.

설악산이나 오대산의 계류에서 또는 캠프파이어의 불길 속에서 비슷한 경험을 한다. 흐르는 물과 활활 타오르는 불길은 사람을 빨아들이는 힘이 있다는데, 경험해보니 헛말은 아닌 것 같다. 여기에 하나 더 보태고 싶은 것이 현대미술이 탄생시킨 옵아트 작품들이다. 자연이 만든 흐르는 강물이나 불길만큼은 못 되더라도 옵아트에도 나름대로 사람의 시선을 잡아끄는 힘이 있다. 그 맛을 아는 사람에게는 멀리 강가로 나가지 않고도 화집 속에서 무념무상의 상태로 가는 길을 발견할 수 있는 것이다.

■■ 끝없이 변화하는 옵아트

옵티컬 아트(optical art)의 약칭인 옵아트는 구체적인 대상을 철저히 배제하고 기하학적 선과 색채로만 그림을 구성하려 한 추상미술의 한 유파다. 바자렐리(V. Vasarely), 알버스(J. Albers), 푼즈(L. Poons), 이바랄(J. Yvaral), 아누수키비츠(R. Anuskiewicz), 라일리(B. Riley), 아감(Y. Agam) 등이 대표적이다. 특히 라일리나 바자렐리의 작품은 국내에 많이 소개돼 있다. 다음 그림은 미술 교과서에 단골로 등장하는 바자렐리의 「십자성」과 라일리의 「흐름」이다.

바자렐리의 「십자성」은 마치 물리학 교과서에 나오는 휜 공간을 보여주는 것 같다. 오른쪽 상단에서는 모든 것을 빨아들이는 블랙홀과 같은 강한 흡인력과 깊이감을 느낄 수 있다. 가는 선으로 이루어진 라일리의 그림에서는 평면적으로 흐

161
빅터 바자렐리의 「십자성」과 브리짓 라일리의 「흐름」.

르던 선들이 갑자기 생생한 입체감을 주며 아래로 떨어지는가 하면 느닷없이 아른거리며 오른쪽으로 움직이기 시작한다.

이 모든 느낌은 평면 위에 정지해 있는 검고 흰 선들이 만들어내는 것이다. 그 외에는 아무것도 없다. 필자가 처음 옵아트를 접한 것은 대학 2학년 때 친구의 화집을 통해서였다. 검정과 흰색 선들이 만들어내는 역동적인 패턴과 현대성에 매료되었던 기억이 생생하다. 한없이 바라보아도 싫증나지 않는 그 단순한 패턴의 쉼 없는 변화와 그로 인한 무념의 상태를 느끼게 된 것은 좀더 나이가 들어서다. 대개 단순한 흑백 패턴으로 이루어진 옵아트이지만 그것을 지각하는 시각정보처리 과정은 결코 단순하지 않다. 옵아트 스스로는 불길이나 물살처럼 변하지 못한다. 그러나 도대체 무슨 짓을 했는지 우리의 시각 속에서 무궁한 변화를 만들어낸다. 그 무궁한 변화는 단순치 않은 시각정보처리 과정에 있다.

가만히 들여다보고 있으면 검정과 흰색 선들 사이로 색이 보이기도 하고 정지해 있던 선들이 움직이기도 한다. 선명한 선들이 흐려지면서 산과 계곡 같은 수많은 요철이 생겨나고 사라진다. 없던 선이 갑자기 생겨나면서 새로운 형태가 내쪽으로 나서기도 하고 물러서기도 한다. 그 속에 우주가 있는 것 같다. 이 수많은 변화를 보고 있자면 시간 가는 줄 모르게 된다. 눈이 피로해져 손으로 비비면 마치 꿈에서 깨어 현실로 돌아온 듯 이제껏 보던 모든 형태, 색, 움직임은 사라지고 벽에 걸린 작품만 조용히 남아 있다.

예컨대 모슬리(S. Moseley)의 「작은 포르투갈 매듭」을 보자. 이 작품을 집중해서 바라보면 가는 검정 가로선들 사이의 여백으로 다양한 색감이 나타나기 시작한다. 필자의 경우에는 주로 노란색이 보이지만 때로 무지개 색이 나타나기도 한다. 그리고 그 색은 정지해 있는 게 아니라 내 시선이 움직일 때마다 조금씩 다른 곳으로 옮겨 다닌다.

무슨 일인가 하고 검정 선을 유심히 관찰하려면 눈이 조금 피로해지면서 선명한 경계가 흐려지기 시작한다. 그리고 평면적이던 선들이 파이프처럼 입체적으

162
스펜서 모슬리, 「작은 포르투갈 매듭」.

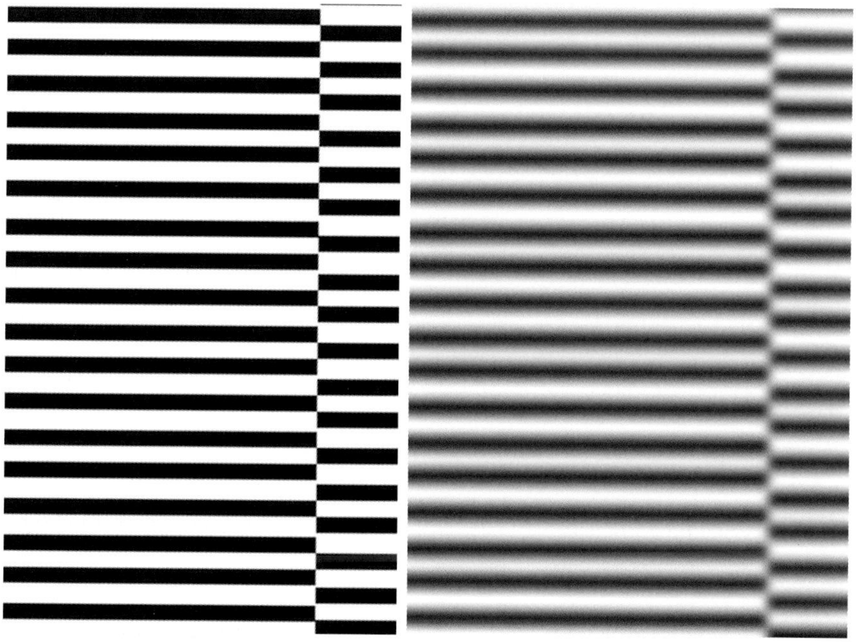

163
「작은 포르투갈 매듭」의 가는 선들을 잠시 응시하면 선명하던 선의 윤곽이 오른쪽 그림처럼 흐려지며 골들이 보이기 시작한다.

로 보이기 시작한다. 수많은 골과 메로 보이기도 하는데 상상력이 풍부한 사람은 이 골과 메에 갖가지 이야기를 갖다붙인다.

이뿐 아니다. 선들이 엇갈린 경계 부분에서 묘한 밝기차이가 생겨나고 구부러진 파이프 모양이 선명해지며 배경에서 '나왔다 들어갔다'를 반복한다. 이것 말고도 변화는 더 있지만 여기서는 이 정도로 하자. 하여간 이런 변화를 시간 가는 줄 모르고 바라보게 된다.

■■ 시각적 환상, 착시

이런 변화를 지각심리학에서는 착시(visual illusion)라고 한다. 대부분의 착시는 시신경 통로의 몇 가지 신경생리학적 특징에서 비롯한다. 그 신경생리학적 특징 가운데 한 가지가 적응(adaptation)이다. 인간의 모든 감각기관에 있는 뉴런들은 적응이라는 과정을 거친다. 예컨대 어떤 감각 뉴런이 강한 빛이나 소리 등의 자극에 장시간 노출되면 이 뉴런들은 급격히 피로를 느끼고 더는 자극에 민감하게 반응하지 못한다.

이런 현상은 모든 감각기의 뉴런에 공통으로 발생한다. 앞서 설명한 모양탐지기라는 뉴런들 역시 마찬가지다. 옵아트에서 자주 볼 수 있는 검정과 흰색의 강한 밝기대비는 뉴런을 피로하게 하는 강한 자극에 속한다. 이런 강한 대비를 잠시 바라보면 선명하던 대비는 점차 흐려지게 된다. 다시 말해 모서리의 대비가 강해서 모서리 탐지기가 피로해지고 그로 말미암아 둔감해지는 것이다. 어느 정도나 둔감해지는지 실험을 통해서 확인할 수 있다.

아래 그림은 블랙모어(C. Blackmore)가 행한 실험 결과다. TV 화면 둘 중 하나에는 검정과 흰색의 격자무늬를 보여주고, 피험자가 조정할 수 있는 두번째 화면에도 동일한 격자무늬를 보여주되 피험자가 레버를 돌리면 선명도가 낮아지거나 높아질 수 있게 했다. 피험자는 일정 시간 첫번째 격자무늬를 보고 그 다음 두번째 격자무늬의 선명도를 조정하여 둘의 선명도를 일치시켜야 한다. 아래 그림은 그 결과다. 첫번째 격자무늬를 주시한 시간이 길어질수록 실제로 느낀 선명도가 급격히 떨어짐을 알 수 있다.

첫번째 화면의 모니터를 본 시간을 전부 합하면 200초가 되고 20초마다 두번

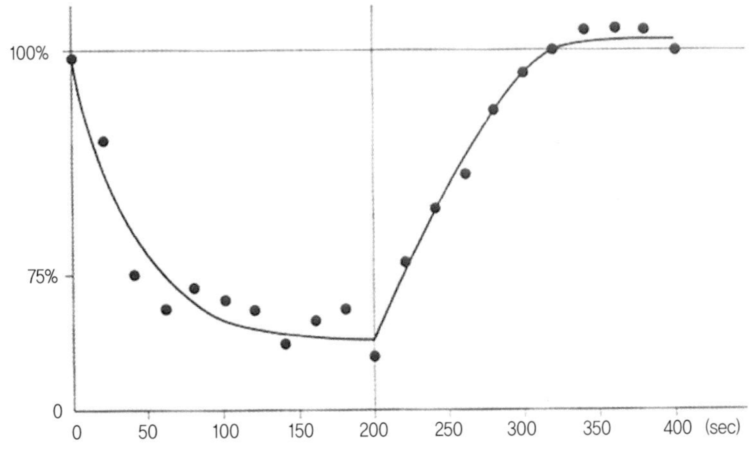

164
격자무늬 주시 시간에 따른 민감도의 변화. 20초마다 측정한 결과 약 60초가 지나자 거의 바닥에 다다랐다. 회복 시간도 100초 이상 걸리는 것으로 조사됐다.

째 화면의 격자무늬의 선명도를 조정하게 했는데 그때마다 민감도가 급격히 떨어지며 약 60초 이후에는 거의 바닥효과를 보이는 것을 알 수 있다. 200초가 경과한 이후에는 20초간 첫번째 화면의 격자무늬를 주시해야 하는 과정을 없애 회복 속도를 측정한 것이다. 원래 수준으로 회복하는 데에도 상당한 시간이 소요되는 것을 알 수 있다. 이는 특정 방향과 크기의 모서리에 반응하는 뉴런들이 피로해졌기 때문에 경험하게 되는 현상이다.

■■ 뒤틀리는 방향

피로에 따른 민감도의 변화는 바라보았던 방향이나 두께의 격자무늬에 대해서만 발생한다. 아니 정확히 말해 방향과 두께가 유사한 정도에 비례해 민감도 변화가 크게 혹은 적게 발생한다. 다시 말해 특정한 방향과 두께를 담당하는 뉴런에만 적응하고 담당하는 방향과 두께가 다른 뉴런들은 거의 적응하지 못한다는 것이다.

담당하는 방향과 두께의 유사성에 비례해 둔감화, 즉 적응이 이루어지기 때문에 발생하는 착시가 그림 165에서 보는 것이다. 방금 말했지만 대뇌 시각피질에 있는, 특정 두께나 방향에만 선별적으로 반응하는 모서리 탐지 뉴런들은 좋아하는 방향이나 두께와 비슷할수록 반응은 커지고 그만큼 피로도 많이 느끼게 된다. 역으로 방향이나 두께가 다를수록 반응이 작아지고 급기야 좋아하는 방향과 직각이 되거나 두께가 크게 달라지면 거의 반응을 보이지 않게 된다.

그래서 이런 그림을 보면 실제로는 원 안의 선들이 완벽한 수평임에도 주위에 있는 사선의 반대 방향으로 기운 것으로 지각하게 된다.

그 까닭을 좀더 자세히 이해하기 위해 다음의 경우를 상상해보자. 그림 166에서 보듯이 검은 수직선으로 이루어진 격자무늬를 보면 이 방향과 두께에 반응하는 뉴런들이 가장 크게 반응할 것이다. 하지만 그와 유사한 방향에 반응하는 뉴런들도 그 유사성에 비례해 각기 반응을 한다. 이 그림의 곡선들은 각기 여러 방

165
둥근 영역 안의 가로선들은 수평이다. 그러나 주위의 사선들 때문에 사선의 반대 방향으로 기운 것으로 보인다.

향에 민감한 뉴런들의 반응을 보여주는 것이다.

가운데 그래프 위에 있는, 우측으로 기운 사선을 오랜 시간 충분히 주시하게 하면 이 사선 방향에 반응하는 뉴런들을 중심으로 유사한 방향에 반응하는 뉴런들은 피로해져서 둔감해진다. 그래프에서 보듯 사선과 일치하는 정도에 따라 그래프가 점차 작아지다가 사라지게 된다. 반응이 없어졌으니 둔감해졌다는 말이 된다. 유사한 사선에 반응하는 뉴런들도 반응 곡선이 많이 축소되어 있다.

이렇게 사선에 반응하는 뉴런들이 피곤해져 있을 때 좌측 그래프 상단에 있는 것 같은 수직 격자무늬를 다시 보여주면 우(右)사선에 의해 피로해지지 않은 수직선 담당 뉴런들과 반대 방향의 좌(左)사선을 담당하는 뉴런들이 활발히 반응하게 된다. 물론 수직 담당 뉴런들의 반응이 가장 클 것이다. 그러나 앞서 우사선에 의해 이미 피로해진 뉴런들은 아직 피로가 회복되지 않아 좌사선 담당 뉴런들처럼 활발히 반응할 수는 없다. 좌사선과 우사선은 수직 뉴런과 방향유사성에서 동일하지만 이런 사전 피로도 때문에 상대적 활성화에 차이가 생기게 된다. 좌사선

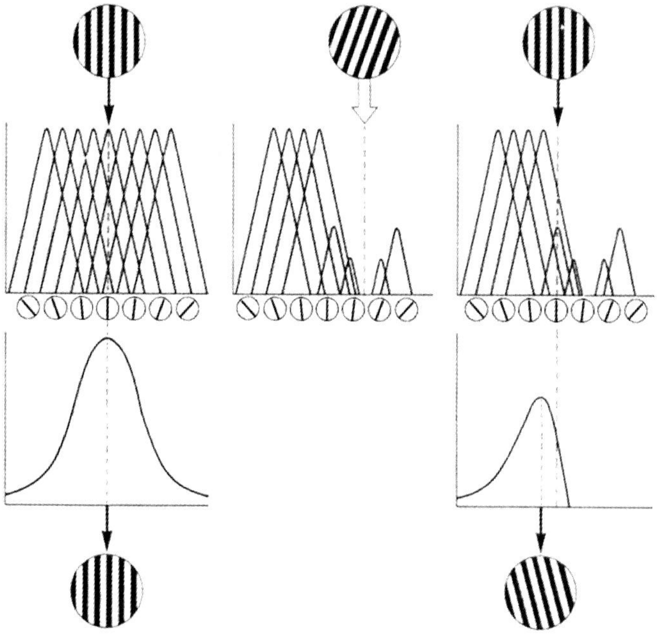

166
그래프는 모서리 탐지 세포들이 선호하는 방향별 반응 곡선이다. 중앙 상단의 그래프는 오른쪽으로 약간 기운 데에 반응하는 세포들의 민감도가 주시 시간이 길어짐에 따라 낮아짐을 보여준다. 이 상태에서 다시 오른쪽 상단과 같은 수직 격자무늬를 보게 하면 그 아래 그래프에서 보듯이 반대 방향의 모서리에 반응하는 세포들이 상대적으로 더 활성화된다. 그래서 수직선을 반대 방향으로 기운 것으로 착각하게 된다.

담당 뉴런들이 더 크게 반응한다는 말이다. 그러니 좌측으로 기운 것처럼 보이게 된다.

■■ 색 없는 색

흑백으로 이루어진 옵아트에서 색감을 느낀다면 의아하겠지만 실제로 가능한 일이다. 이 또한 옵아트에 빠져들게 하는 매력 중 하나다. 그러나 색감을 느끼기 위해서는 자기 확신이 필요하다. 많은 사람이 색감을 느끼고도 이를 자연스러운 시각 현상으로 생각하지 않고 무시하거나 혹은 자기가 본 것을 부정하기까지 한다.

하여간 앞서 본 모슬리의 그림을 이용해 이 '색 아닌 색'을 느껴보자. 이 작품(그림 162)을 자세히 보고 있자면 가는 검정선들 사이 여백으로 여러 색들이 나타났다 사라지곤 한다. 주로 엷은 빨강과 노랑, 녹색, 파랑이 보인다. 어찌된 일일까? 실제로는 없는 색들이 느껴지다니. 이를 지각심리학에서는 '주관적 색채(subjective color)' 라고 하는데, 물리적으로는 존재하지 않지만 감각적으로는 존재하는 색채를 말한다.

주관적 색채 역시 아직까지 그 이유를 명확히 밝히지 못하고 있다. 아직까지는 추정할 수 있을 뿐인데 가장 그럴듯한 설명은 페스팅어(L. Festinger) 등의 이론이다. 페스팅어의 이론에 따르면 망막 이후의 색채정보의 전달은 마치 모르스 신호와 같이 신경 반응의 발화빈도에 의해 전달된다는 것이다. 다시 말해 발화빈노가 높으면 붉은색, 낮으면 파란색이라는 식이다.

이는 현재 받아들여지는 색부호화이론과는 배치되는 것이다. 색채정보전달 방식은 노랑과 파랑, 적색과 녹색, 빛의 강약(검정과 흰색)을 담당하는 세포들 간의 교묘한 연결에 의해 이루어진다는 것이 현재의 통설이다. 그러나 페스팅어 등은 특정한 색을 전달하는 특정한 통로 대신 단일한 통로에 단지 간격이 특정한 신경 발화빈도가 전달됨으로써 색채지각이 이루어진다고 보는 것이다.

발화빈도에 의해 색채지각이 이루어진다면 주관적 색채 경험을 설명하기 쉬워

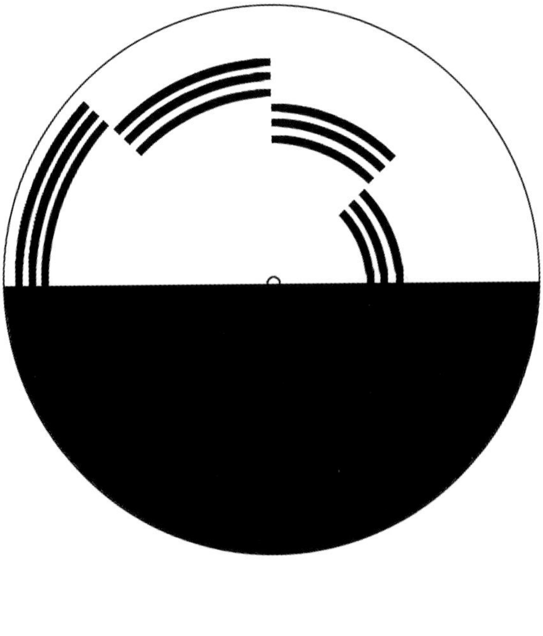

167
벤험의 판, 중앙에 연필을 꽂아 돌리면 선의 길이에 따라 다른 색감을 경험하게 된다.

진다. 예컨대 벤험의 판(Benham's top)이 만들어내는 색감을 보자. 그림 167과 같이 검은 색면과 선으로 이루어진 둥근 원판을 연필에 꽂아 돌려보라. 시계방향으로 돌린다고 가정할 때 안쪽에서부터 빨강, 노랑, 초록, 파랑 혹은 보라색이 보일 것이다. 만약 시계반대방향으로 돌리면 보이는 색의 순서는 반대가 된다. 이런 현상은 원판에 칠해진 검정 선들이 길이와 위치에 따라 회전할 때 보였다 안 보였다 하는 깜박임의 빈도 때문에 발생한다. 이 빈도가 일종의 모르스 신호와 같이 시각통로를 통과한다는 것이 페스팅어의 생각이다. 그림을 보면 벤험의 판에서 원주 가까이 있는 선들은 중앙에 있는 것보다 더 길다. 이 긴 선들은 회전할 때 안쪽의 짧은 선들에 비해 깜박임의 정도가 덜할 것이다. 빈도가 낮다는 말이다. 그러니 원의 가장자리로 갈수록 푸른색이 보이게 되고 중앙으로 가면 빈도가 높아져 빨강이 보이게 된다.

이런 이유 때문에 주관적 색채를 경험한다면 왜 정지해 있는 모슬리의 그림에서 비슷한 경험을 하게 되는 것일까? 그것은 작품에 있는 가는 선들의 공간빈도와 눈운동이 결합해 나타나는 현상일지 모른다. 그림의 선들이 가늘고 촘촘할 때에만 주관적 색채를 경험하게 된다는 것도 눈운동의 역할을 추정하게 해주는 사실이다. 같은 옵아트라 할지라도 바자렐리의 작품처럼 선이 상대적으로 굵은 그림에서는 이런 주관적 색채가 나타나지 않는다.

우리 눈은 아무리 시선을 한 곳에 고정한다고 할지라도 미세한 떨림과 같은 자발적 눈운동을 피할 수 없다. 이런 미세한 떨림은 망막에 있는 감광세포의 피로, 다시 말해 둔감화를 막기 위한 것이다. 망막이 떨리면 감광세포들이 서로 번갈아 가며 발화할 수가 있어 지속적인 발화로 인한 피로를 막을 수 있기 때문이다. 이 미세한 움직임 덕분에 망막에 감지된 이미지는 움직이는 물체와 동일하게 이동하게 된다. 그러나 그 움직임의 폭이 충분히 크지 않기 때문에 우리가 움직임으로 지각하지는 않는다.

하지만 모슬리의 그림에서처럼 선들이 가늘고 촘촘할 때에는 사정이 달라질 수 있다. 선의 두께가 가늘어 미세한 눈운동만으로도 충분한 운동 효과를 만들어 낼 수 있다. 그렇게 되면 눈의 떨림과 가는 선들이 결합해 형성되는 시각정보는 마치 벤험의 판이 회전할 때 생기는, 일종의 모르스 신호를 만들어내 주관적 색채를 발생시킬 수 있게 된다.

■■ 윤곽 아닌 윤곽

옵아트 감상에서 빼놓을 수 없는 경험은 '주관적 윤곽(subject contour)' 이라는 것이다. 모슬리의 그림에서도 그런 경험을 할 수 있는데 파이프 형태 안쪽의 흰색 부분이 배경에 있는 흰색 부분에 비해 더 밝게 느껴진다. 잘 모르겠다면 시야를 조금 좁혀서 보면 쉽게 알 수 있다. 파이프 형태의 어느 한 부분만 보게 되면 파이프의 이 부분이 배경보다 밝아 보이고 그래서 앞으로 나온 것처럼 보이기 시작한다. '주관적 윤곽' 의 특징 중 하나다. 주관적 윤곽이란 실제로는 존재하지 않는 윤곽이 지각되는 것을 말한다. 예컨대 아래 그림은 하얀 삼각형이 세 개의 검은색 원과 검은 테두리의 삼각형 위에 놓인 것으로 보인다. 그러나 맨 위에 있는 것으로 지각된 하얀 삼각형은 실제로는 존재하지 않는 것이다.

이런 주관적 윤곽은 두 가지 특징을 갖고 나타난다.

168
주관적 삼각형. 맨 앞에 있는 것으로 보이는 삼각형이 흰 배경에서는 더 하얗고 검은 배경에서는 더 검게 보인다. 그러나 이 주관적 삼각형은 자세히 들여다보기 시작하면 사라져버린다. 물리적 실체가 없는 이런 형태를 주관적 윤곽이라고 하는데 배경보다 더 강하게 보인다.

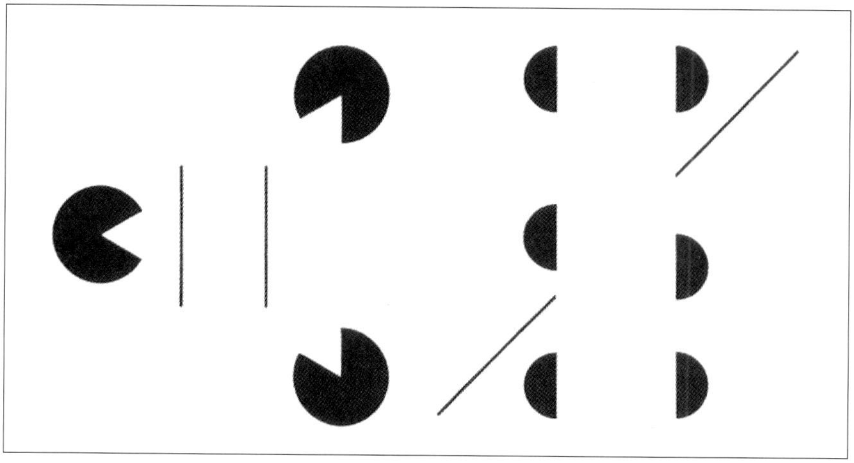

169
주관적 윤곽은 실제 윤곽과 동일하게 착시를 만들어낸다. 왼쪽 그림에서는 한쪽 선의 길이가 더 길게 보이는 폰조 착시가 그대로 발생하고, 오른쪽 그림에서는 실제로는 연장선 상에 있는 두 선이 약간 엇갈린것처럼 보이는 포겐도르프 착시가 발생한다.

첫째, 주관적 윤곽이 나타나는 영역은 그 배경보다 밝게 보인다. 실제로는 배경과 같은 밝기이지만 그렇게 보이지는 않는다. 이 경우에도 맨 위에 있는 것으로 보이는 삼각형은 그 배경보다 조금 밝게 보인다. 정확히는 강하게 보인다고 하는 편이 옳다. 우측의 검정 배경에서는 주관적 삼각형이 밝게 보인다기보다는 더 진하게 보이기 때문이다.

둘째, 주관적 윤곽이 나타나는 영역은 다른 표면 위에 겹쳐 있는 불투명한 것으로 지각된다.

이런 주관적 윤곽의 지각적 효과는 생각외로 강력해서 균질한 표면뿐만 아니라 질감이 있는 표면에서도 나타날 수 있으며 심지어 물리적으로 존재하는 도형과 동일하게 착시를 만들어내기도 한다. 예컨대 그림 169는 주관적 윤곽에서도 나타나는 유명한 폰조(Ponzo) 착시와 포겐도르프(Poggendorff) 착시의 사례다. 왼쪽 그림에서는 두 개의 수직선이 같은 길이임에도 왼쪽 것이 더 길어 보인다. 오른쪽 그림에서는 두 선이 서로 연장선 상에 있는 것임에도 오른쪽 상단에 있는 사선이 조금 더 위쪽에 있는 것처럼 보인다. 모두 실제 도형이 존재하는 경우와 같은 착시효과를 만들어내고 있다.

주관적 윤곽이 발생하는 원인에 대해서는 여러 가지 설명이 있다. 그 가운데 한 가지는 이 책의 어디에선가 설명한 적이 있는 모서리 탐지기의 활성화와 관련

170
윤곽탐지가설에 따르면 좌측 상단에서 우측 하단으로 휘어져 내려오는 윤곽과 일치하는 선이 없는 좌측 그림의 주관적 윤곽을 설명할 수 없다. 마찬가지로 오른쪽 그림에서처럼 선이 없이 작은 점만으로 주관적 윤곽이 발생하는 것도 설명할 수 없다.

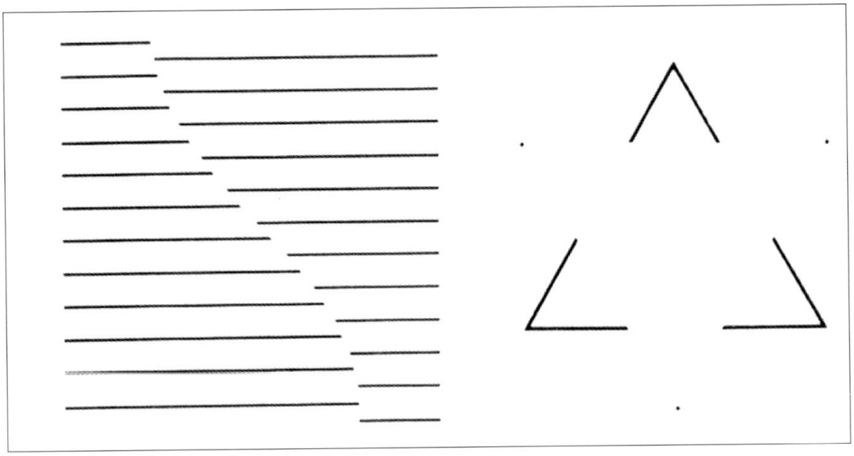

이 있다고 보는 '윤곽탐지가설' 이다. 사물의 윤곽을 모서리 탐지기가 작은 직선으로 분할하는 과정에서 부분적으로 직선 탐지기의 활성화 정도가 실제 윤곽을 넘어서게 되고 이것이 주관적 윤곽을 경험하게 하는 1차 원인이라는 것이다.

그러나 이런 설명으로는 그림 170이나 모슬리의 작품에서 보는 주관적 윤곽을 이해할 수 없다. 위 왼쪽 그림에서 우리는 위아래를 가로지르는 완만한 곡선을 지각할 수 있지만 그 곡선에 모서리 탐지기가 반응한다고 보기는 어렵다. 그 곡

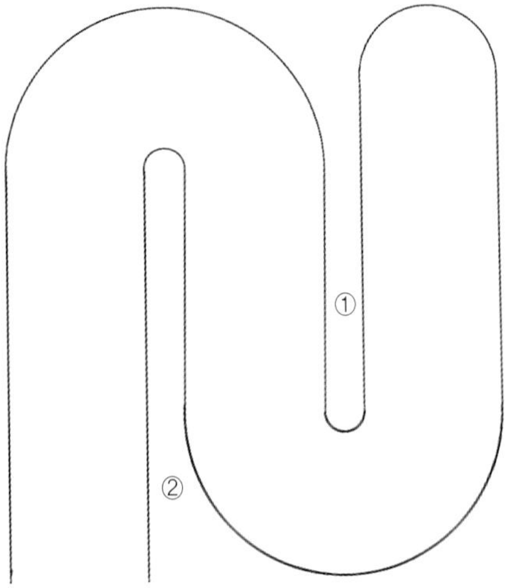

171
모슬리 그림의 주관적 윤곽을 그린 것이다. 그림을 보고 있으면 이와 같은 윤곽이 발생하며 배경에 속하는 ①영역이 어둡게 보이기 시작한다.

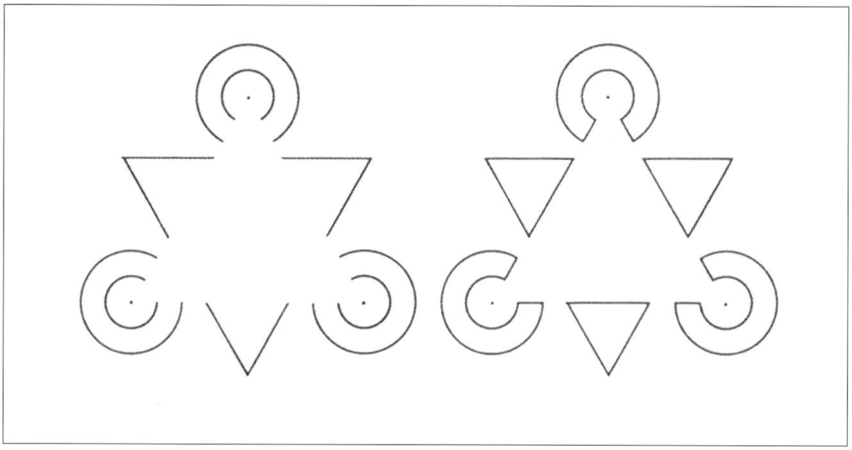

172
카니자의 주장대로 형태가 완결성이 높을 경우 주관적 윤곽은 사라진다. 오른쪽 그림은 그러한 사례다. 세 귀퉁이의 원형과 삼각형이 모두 닫혀 있기 때문이다.

선 방향과 일치하는 모서리가 실재하지 않기 때문이다. 또한 오른쪽 그림에서도 작은 세 개의 점이 역삼각형을 만들어내고 있지만 이 작은 점 역시 모서리 탐지기를 활성화시키지는 않을 것이다.

모슬리의 작품에서도 가는 가로선에 의해 그림 171과 같은 주관적 윤곽을 지각할 수 있다. 이 파이프 형태의 주관적 윤곽은 배경과 동일한 가는 가로선으로 이루어져 있지만 더 밝게 보인다. 그러나 시야를 좁혀 ①이나 ②를 윤곽으로 보기 시작하면 도리어 이 부분이 밝아 보이기 시작한다.

주관적 윤곽의 원인은 명확히 밝혀지지 않았지만 주관적 윤곽이 형성되는 한 가지 조건은 파악되어 있다. 카니자(G. Kaniza)는 시야에 완결되지 않은 어떤 시각요소가 있고 이 요소를 완결된 형태, 다시 말해 좀더 단순하고 안정된 형태 그리고 규칙적인 형태로 지각하려는 경향이 주관적 윤곽을 발생시킨다고 한다.

이 책의 서두에 그림을 아름답게 하는 기법에는 그 기법과 맞아떨어지는 뇌기능의 특징이 있다고 했다. 그 가정을 가장 분명하게 보여주는 것이 바로 지금까지 설명한 옵아트라고 생각한다. 이 단순해 보이는 옵아트 작품이 미적 생명력을 갖고 한 시대를 풍미했으며, 지금은 화랑 전시물을 넘어 우리의 옷 · 가구 · 전자제품의 표면을 장식하고 있다.

옵아트 작품에 무엇이 있는지 생각해보라. 아름다운 꽃이나 여인, 수려한 산하가 있는 것도 아니며 동양화에서 보는 일필휘지의 기개나 능숙한 장인의 솜씨를 볼 수 있는 것도 아니다. 큐비즘은 해체된 형태 속에 사물의 새로운 모습을 담고 있다. 잭슨 폴록의 추상에서 보는 자유로운 유희나 모더니즘 미술의 고상한 미학적 논리도 옵아트에서는 발견할 수 없다.

컴퍼스와 자로 무장하고 고통스럽게 선과 원을 그리는 작가의 모습을 상상하는 것도 유쾌한 경험은 아니다. 자유로운 예술정신과도 거리가 있어 보인다. 그런데 무엇 때문에 우리는 이 작품 앞에 서게 되는가? 비밀은 작품 속에 있는 것이 아니라 우리 자신에게 있다. 우리의 상상력을 작동시킨다는 말이 아니라 우리의 감각을 평범한 일상에서 깨어나게 해 감각의 유희를 만들어낸다는 것이다. 예술에 진보는 없다고 한다. 다들 그렇다고 하니 진보는 없다고 하자. 그러나 옵아트가 종래의 회화와는 다른 새로운 예술경험의 장을 열어놓은 것은 분명하다. 이 글에서 이야기하듯이 우리의 시각기제를 의도적으로 자극하는…….

에필로그

신경미학, 인간과 사회를 보는 새로운 관점

아름다움을 이런 식으로 해부하려는 시도에 대해 적잖은 반감을 가질 수 있다. 그 반감은 두 가지로 요약할 수 있는데, 하나는 이처럼 몇 가지 신경심리학적 설명으로 아름다움이라는 그 오묘한 경험을 과연 이해할 수 있겠는가 하는 것이다. 다른 하나는, 이렇게 하여 아름다움을 관장하는 신경학적 기제를 밝혔다고 하자, 하지만 그게 무슨 의미가 있다는 말인가 하는 것이다.

■■ 그림의 형식이 주는 아름다움에 대하여

먼저 '과연 이런 식으로 아름다움을 이해할 수 있겠는가' 라는 의견에 대해 이야기해보자. 모두 알다시피 아름다움이라는 내적 경험은 결코 단일하지 않다. 아름다움이라 이름지어진 현상에는 매우 다양한 내적 경험들이 있다. 예컨대 웅장한 나이아가라 폭포를 보고 느낀 아름다움과 미녀를 보고 느낀 아름다움은 아무리 보아도 동일한 내적 경험이라고 할 수는 없을 것이다. 더 좁게 보아 예술의 아름다움만 하더라도 그 경험이 한두 가지가 아니다. 피카소의 「게르니카」를 보고 느낀 아름다움에는 형식이 주는 아름다움뿐 아니라 그림의 내용, 즉 스페인내전 당시 프랑코 독재에 항거하다 폭격으로 숨진 숭고한 시민들의 모습이 한몫을 한다. 다시 말해 어떻게 그려졌는가 하는 형식미와 무엇을 그렸는가 하는 내용이 상호작용한다는 말이다.

이 다양한 내적 경험에 영향을 주는 요인도 한둘이 아니다. 「게르니카」의 경우는 스페인 역사에 대한 지식이 있어야 느낄 수 있는 아름다움이다. 로댕의 두상 「카미유 클로델」을 좋아했던 필자의 경우엔 그런 여성을 이상형으로 생각했던 필자 고유의 성격과 개인적인 경험도 큰 영향을 미친 것 같다. 도저히 과학적으로 분석할 엄두조차 낼 수 없을 만큼 많은 요인들이 영향을 준다. 하지만 모든 사람이 거의 동일하게 느끼거나 혹은 미술감상 경험의 양이라는 단일한 요인의 영향만을 받는 아름다움이 있다. 바로 조금 전에 이야기한 형식미라는 것이다.

미학에서는 이 형식이라는 것에 좀더 깊고 다양한 의미를 부여하지만 필자가 말하는 형식은 어떻게 그렸는가 하는 기법을 뜻한다. 이 기법들이 주는 아름다움은 적어도 미술경험의 양이 유사한 사람들 간에는 큰 차이가 없는 것 같다. 시대에 따라 선호가 변하기도 하는 형식미는 몇 개의 변인만을 고려하면 예측이 가능할 정도다. 그래서 이 형식미는 인류의 보편적인 그 무엇에 기반을 두고 있다고 추측해볼 수 있다. 물론 시대에 따라 한때 흥했다가 아예 무대 밖으로 사라진 기법들도 있다. 이런 사례를 보면 형식미의 보편성에 대해 의문을 품을 수도 있지만 반대로 그것을 더욱 강조하는 사례일 수 있다. 특정 시대에 유행했다가 사라지는 형식들은 보편성을 갖지 못한 채 당시의 특이한 문화적 유행 탓으로 흥한 것이며, 그래서 그렇게 쉽게 무대 밖으로 사라진 것일 수 있기 때문이다.

그렇다면 형식미가 기반을 두고 있다는 인류 보편의 것은 무엇일까? 지금으로서는 무엇이라 단언하기 어렵고, 다만 추정할 수 있을 뿐인데 우선 떠오르는 것이 인간의 정보처리 방식이다. 정보처리 방식은 모든 인류가 동일할 것이다. 이 정보처리 방식에 기반하여 아름다움을 이해하다보면 어느 단계에서는 신경심리학적 설명을 할 수밖에 없다. 신경미학은 바로 이 지점에서 탄생한 것이다. 이 책에서 다루는 내용은 거의 신경미학이라 이름 붙일 수 있는 것들이다. 신경미학에서 좀 벗어난 주제들도 있지만 이 역시 언젠가는 신경심리학적 수준에서 설명할 수 있을 것이다. 이런 점에서 신경미학은 형식미를 이해하기 위한 여정의 한 단계를 마무리하는 토대가 될 수 있다. 신경미학적 설명이 충분히 쌓인다면 그 토대 위에서 형식미를 이해하기 위한 또다른 여정을 떠날 수 있을 것이다.

■■ 신경미학의 유용성

두번째 이야기로 넘어가자. 이렇게 하여 아름다움과 관련된 두뇌의 신경심리학적 작용이나 지각심리학적 변인들을 밝혀냈다고 하자. 어떤 이들은 "신경생리학적 작용 등을 모르고도 인류는 아름다운 예술작품을 만들어왔지 않은가?" "그러니 그것을 안들 무슨 소용이 있단 말인가?"라고 반문할 수 있다. 그렇지 않다. 우리는 여기에서 예술작품의 창작과 감상 그리고 오묘한 정신작용을 이해하는 데 핵심적인 지식과 방법을 얻을 수 있다. 이런 지식과 방법이 사회와 산업에 미칠 파장은 엄청날 것이다. 왜 그러한가? 간단히 살펴보자.

신경심리학적, 지각심리학적 접근은 미술의 아름다움을 이해하려는 과학적 연구의 전부가 아니다. 그보다는 아름다움을 제대로 설명하기 위해 거쳐야 할 하나의 과정이요, 전체적 설명의 부분일 뿐이다. 책의 서두에서도 말한 바 있지만 아름다움이라는 오묘한 현상을 어느 단일한 학제만으로 해명할 수는 없다. 또한 관련된 여러 학제들은 아름다움이라는 것을 총체적으로 다루기보다는 작품, 아름다움이라는 내적 경험, 관련된 두뇌구조의 특징 등 세부 연구 대상을 각기 분야에 걸맞은 방법으로 연구하고 있을 뿐이다. 언젠가 이 모두가 하나로 통합되어 큰 그림을 그릴 날을 꿈꾼다.

신경심리학적 접근, 즉 신경미학은 이 큰 그림을 그리는 하나의 벽돌이다. 이 벽돌이 충실히 만들어진다면 다른 벽돌을 견고하게 하는 데에도 큰 도움을 줄 수 있다. 예컨대 이 책에서 예시하고 있듯이 미술 기법의 배후에 있는 원리를 객관적이고 체계적으로 설명하고 표현할 수 있게 한다. 이러한 이해의 토대 위에 작게는 미술 · 디자인 교육을 개선시킬 수 있고 기업에서는 디자인 부문 사업에 유용한 도구를 개발할 수도 있다. 크게는, 먼 훗날의 이야기이겠지만 서체나 심벌마크, 패키지 디자인 등을 자동으로 해주는 자동화 시스템 개발을 위한 기초개념이 될 수도 있다.

신경미학은 아름다움이라는 내적 경험을 이해하는 데에도 큰 도움을 줄 수 있다. 이미 일본과 한국에서 시작된 '감성과학' 이라는 분야와 신경미학은 밀접한 연관이 있다. 보기에 따라 아름다움은 감성과 같은 것일 수 있고 감성의 하위 요소일 수도 있다. 감성은 인간의 행동을 이해하는 데 핵심적인 요소로 부각되고 있다. 쉽게 말해 과거에는 감성은 이성에 봉사한다고 보았지만 현재는 도리어 이성이 감성에 봉사한다는 관점이 강해지고 있다.

이러한 이유로 아름다움 혹은 감성에 대한 이해는 인간과 사회를 보는 새롭고 깊은 관점을 제공할 것이다.

이 모든 유용성에 앞서는 것은, 이러한 과학적 분석이 미술의 아름다움을 손상하는 것이 아니라 도리어 존중하게 할 것이라는 것이다. 비슷한 사례를 신화학에서 찾을 수 있는데, 세계적인 신화학자 조지프 캠벨은 '신화나 종교적 사실을 해석하는 것이 무슨 의미가 있는가?' 라는 질문에 신화학은 신화나 종교적 사실에서 우리를 해방시켜 진정으로 신화나 종교를 사랑하게 한다는 요지의 대답을 했다.

미술의 아름다움도 마찬가지라고 생각한다. 현대과학이 겨우 밝혀낸 특정한 기법의 원리를 대가의 작품에서 확인하는 것이 작품감상을 방해하리라 생각할 수는 없다. 도리어 그 작품이 아름다울 수밖에 없는 분명한 이유를 알게 될 것이니, 막연한 찬사가 명확하고 구체적인 감탄으로 바뀔 것이다.

나는 이 책을 쓰면서 어느 수준까지 설명할 것인지 무척 고민했다. 지나치게 자세히 설명하면 전체적인 논지를 놓치기 쉽고 내용도 난해해지기 쉽다. 반대로 설명이 단순해지면 이야기하려는 신경심리학적 기제의 역할을 이해시키기가 어려워진다. 나름대로 균형을 맞춘다고 했지만 걱정스러운 대목이다. 그래서 독자들에 따라서는 미술심리학의 개론서격인 『시각예술과 디자인의 심리학』을 참고로 읽어야 할지도 모르겠다.

필자의 첫번째 저작인 『시각예술과 디자인의 심리학』에서는 미술심리학의 전반적인 연구를 필자 나름의 구조로 엮어놓았다. 이 개론서에서 다루고 있는 내용들을 심화시켜 하나하나 책으로 엮으려 한다. 그 첫번째 결과물이 이 책이다. 지금은 미술심리학 지식을 이용해 본격적인 미술비평과 디자인심리학 서적을 준비중이다. 여기에는 미술심리학이 구체적으로 어떤 유용성이 있는지 예시하려는 의도도 있다. 첫번째 저작 이후 미술심리학에 대한 관심이 커지고 있다는 것을 피부로 느끼고 있다. 동학(同學)도 생겨나고 있다. 그들과 함께 미술심리학의 여정을 함께하게 되기를 꿈꾸어본다.

참고문헌

최정훈 외, 『인간 행동의 이해』, 법문사, 1993.

박수진, 「표면디자인에 대한 감성공간 모형 연구」, 연세대학교, 1999.

E. H. 곰브리치, 『서양미술사』, 백승길, 이종숭, 예경, 1994.

지상현, 「그림의 지각적 표현양식이 심미적 인상에 미치는 효과」, 연세대학교, 1996.

H. W. 젠슨, 『미술의 역사』, 김윤수, 삼성출판사, 1980.

近江源太郎, 『造形心理學』, 福村出版, 1988.

정찬섭, 「시각정보처리 계산모형」, 『인지과학』, 민음사, 1989, 128~161쪽.

정재훈, 정찬섭, 「중첩단서 및 선택적 주의가 주관적 윤곽의 발생에 미치는 효과」, 『인지과학』, 1990, 261~278쪽.

김영배, 김대식, 『뇌파와 유발전위의 지형학적 영상』, 고려의학, 1999.

시드 질먼, 사라 뉴먼, 『필수 신경생리해부학』, 김진수, 이명식, 영문출판사, 2000.

닐 칼슨, 『생리심리학의 기초』, 김현택, 조선영, 박순권, 시그마프레스, 1998.

리처드 톰슨, 『腦』, 김기석, 성원사, 1996.

Shigenobu Kobayashi, *Color Image Scale*, Kodansha, 1998.

Shigenobu Kobayashi, *Colorist, Kodansha*, 1998.

NeedScope an Introduction, FOCUS Research, 1995.

Jean Fabre, Andre November, *Color and Communication*, ABC Edition Zurich. 1987.

Jay Appleton, *The Experience of Landscape*, Wiley, 1996.

Takahashi Shigeko, *Aesthetic Properties of Pictorial Perception*, Psychological Review, Vol 102, No. 4, 1995, pp 671~683.

I. Rock, *Perception and Art, Perception*, Scientific American Library, 1984.

I. Rock, *An Introduction to Perception*, New york: Macmillan Publishing, 1975.

I. Rock, *The Perceptual World*, Freeman, 1990.

D.E. Berlyn, *Studies in the Experimental Aesthetics: Steps Toward an Objective Psychology of Aesthetic Appreciation*, Hemisphere Publishing Co, 1974.

D. E. Berlyne & J. C. Ogilvie, *Dimension of Perception of Paintings*; In D. E. Berlyne(ed), *Studies in the new experimental aesthetics*, Washington: Hemisphere Publishing Co.

Hans Kleitler and Shulamith Kleitler, *Psychology of the Arts*, Duke Univ. press, 1972.

J. Willats, *Art and Representation*, Princeton, 1998.

Heinz Kroel, *Communication Design*, ABC Edition Zurich, 1987.

H. A. Sedgwick, *Space Perception*, Handbook of Perception and Human Performance Vol 1, Wiley.

Jared Diamond, *The Third Chimpanzee*, New York; Brockman, Inc., 1993.

C. E. Osgood, *Language, Meaning, and Culture*, C. E. Osgood & Oliver C. S. Tzen(ed), New York; Praeger, 1990.

Mark Ray Crozier, *Manuctured Pleasure*, Manchester, New york, 1994.

Bulat M. Galeyev, *What is Synaesthetia: Miths and Reality*, Leonardo, 1999, Vol 7, No 6.

Francis Galton, *Composite Portraits*, Journal of the Anthropological Institute of Great Britain & Ireland, 1878, pp 132~142.

Davendra Singh, *Adaptive Significance of Female Physical Attractiveness: Role of Waist-to-Hip Ratio*, Journal of Personality and Social Psychology, 1993, Vol. 65, No 2, pp 293-307.

Louis G. Tassinary and Kristi A. hansen, *A Critical Test of the waist to-Hip ratio Hypothesis of Female Physical Attractiveness*, Psychological Science Vol. 9, No. 2, March, 1998.

R. E. Cytowic, *the Man Who Tasted Shape*, 1999.

William R. Mackavey, *Exceptional Cases of Pictorial Perspective*, *The Perception of Picture*, Vol 1, Boston; Academic Press, 1980.

J. Genova, *The Significance of Style*, Journal of Aesthetic and Art Criticism, Spring, 1979.

M. Livingstone & D. Hubel, *Segregation of Form, Color, Movement and Depth:Anatomy*, Psychology and Perception, Science, 1987.

E. H. Gombrich, J. Hochberg, & M. Black, *Art, Perception and Reality*, Johns Hopkins univ. Press, 1984.

V. S. Ramanchandran, *Perceiving Shape from Shading*, The Perceptual World, Irvin

Rock ed., 1988.

D. Marr, *Vision*, San Francisco: Freeman, 1982.

J. E. Ruth, & K. Kolehmainen, *Classificasion of Art into Style periods-A Factor Analytical Approach*, Scandinavian Journal of Psychology, 15, 1974.

D. O'Hare, L'image, *Communication Fonctionnelle*, Casterman, Paris, 1981.

D. O' Hare, *Multidimensional Scaling Representations and Individual Difference in Concept learning of Artistic Style*, British Journal of Psychology, 1979.

M. H. Pirrenne, *Vision and Arts*, Handbook of Perception, Academic Press, 1975.

K. T. Berbaum, T. Bever & C. S. Chung, *Extending the Perception of Shape From Known to Unknown Shading*, 1984.

M. W. Mattlin, & H. J. Foley, *Sensation & Perception*, Boston: Allyn and Bacon, 1992.

G. Goude, G. Linden and L. Lundstrom, *An Experimental Psychological Technique for the Construction of A Characterising System of Art and An Attempt at Physiological Validation*, Univ. of Uppala Reports, 1966.

P. Locher, G. Smets & K. Overbeeke, *The Contribution of Stimulus attributes*, viewer Expertise and Task Requirments on Visual and Haptic Perception of Balabce, Paper presented at the 12th International Congress of the International Association for Empirical Aesthetics, Hochschule der kunst Berlin, 1992.

Vicki Bruce, Patrick R. Green, Mark A. Georgeson, *Visual perception*, New York: Psychology Press, 2003.

Michael S. Gazzaniga, Richard B. Ivry, George R. Mangun, *Cognitive Neuroscience*, New York: Norton, 2002.

Richard D. Lane & Lynn Nadal, *Cognitive Neuroscience of Emotion*, New York: Oxford Univ. Press, 2000.

Jaak Panksepp, *Affective Neuroscience*, New York: Oxford Univ. Press, 1998.

Joseph Ledoux, *Synaptic Self*, New York: Viking Press, 2002.

Candace B. Pert, *Molecules of Emotion*, New York: Touchstone, 1997.

Marie T. Banich, *Neuropsychology*, Houghton Mifflin company, 1997.

Margaret A. Hagen ed., *The Perception of Pictures*, Academic Press, 1980.

R. L. Gregory, *Illusion*, New York; Charles Scribner's Sons, 1980.

Robert L. Solso, *The Psychology of Art and the Evolution of the Conscious Brain*, The

MIT Press, 2003.
Vicki Bruce & Andy Young, *In the Eye of the Beholder*, Oxford University Press, 1998.
Richard Gregory, John Harris, Priscilla Heard, David Rose, *The artiful eye*, Oxford University Press, 1995.
Semir Zeky, *Inner Vision*, Oxford University Press, 1999.
G. E. Stelmach, P. A. Vroon, *Advances in Psychology*, Elsevier Science Publishers, 1990.

도판 저작권 목록

찾아보기

지은이 지상현
1960년 서울 출생. 홍익대학교 미술대학에서 시각디자인을, 연세대학교 대학원에서 지각심리학을 공부해 박사학위를 받았다. 현재 한성대학교 미디어디자인컨텐츠학부 교수로 있으며 저서로 『시각예술과 디자인의 심리학』『색, 성공과 실패의 비밀』이 있고, 『이제는 색이다』『마음을 움직이는 뇌, 뇌를 움직이는 마음』 등의 책에 글을 썼다. 아름다움을 과학적으로 이해하여 이를 바탕으로 한 심리학적 미술비평, 그리고 디자인의 과학화를 실천하기 위해 매진하고 있다.

뇌, 아름다움을 말하다

1판 1쇄 2005년 3월 7일
1판 5쇄 2022년 12월 2일

지은이 지상현
펴낸이 김정순
편집 박기효
디자인 이승욱 이주영
마케팅 이보민 양혜림 정지수

펴낸곳 (주)북하우스 퍼블리셔스
출판등록 1997년 9월 23일 제406-2003-055호
주소 04043 서울시 마포구 양화로 12길 16-9(서교동 북앤빌딩)
전자우편 henamu@hotmail.com
홈페이지 www.bookhouse.co.kr
전화번호 02-3144-3123
팩스 02-3144-3121

ISBN 89-89799-44-9 03470

해나무는 (주)북하우스 퍼블리셔스의 과학·인문 브랜드입니다.